江苏海事职业技术学院出版基金资助
江苏省高等学校自然科学研究重大项目（20KJA520009）资助

海上态势视觉感知方法研究

乔大雷 张娟 吕太之 著

吉林大学出版社
·长春·

图书在版编目(CIP)数据

海上态势视觉感知方法研究 / 乔大雷，张娟，吕太之著. -- 长春 : 吉林大学出版社，2021.10
ISBN 978-7-5692-9057-8

Ⅰ. ①海… Ⅱ. ①乔… ②张… ③吕… Ⅲ. ①海洋监测一监测系统 Ⅳ. ①P715.5

中国版本图书馆CIP数据核字(2021)第206646号

书　　名：海上态势视觉感知方法研究
HAISHANG TAISHI SHIJUE GANZHI FANGFA YANJIU
作　　者：乔大雷 张娟 吕太之 著
策划编辑：黄国彬
责任编辑：赵洪波
责任校对：张文涛
装帧设计：海图航轩
出版发行：吉林大学出版社
社　　址：长春市人民大街4059号
邮政编码：130021
发行电话：0431-89580028/29/21
网　　址：http://www.jlup.com.cn
电子邮箱：jdcbs@jlu.edu.cn
印　　刷：天津和萱印刷有限公司
开　　本：787×1092　1/16
印　　张：10
字　　数：210千字
版　　次：2022年2月 第1版
印　　次：2022年2月 第1次
标准书号：ISBN 978-7-5692-9057-8
定　　价：58.00元

内容提要

航行态势感知是传统海面集成监视活动的终极目标，也是现代智能船舶甚至无人驾驶船舶自主航行实现的首要前提。本书首先对海上态势视觉感知最先进及经典的技术进行归纳和综述，其次对判别式深度学习的核心机理进行了详细的介绍，然后重点报告本文作者在海面全场景解析、船舶目标重识别和检测后跟踪三个方面的最新工作，接着给出以上关键技术在海上智能交通系统中的应用，最后对全书的研究成果进行总结并给出研究展望。本书组织结构合理，内容翔实，语言通俗易懂，理论和实验细节描述深入浅出，是一本理论和实践性兼备的学术著作。

本书可供从事自主无人系统、水上交通工程、航海智能化、交通信息工程与控制等领域研究人员和计算机及相关专业的工程技术人员、高校师生阅读参考。

前　言

建立完善的海上态势感知系统（Maritime situational awareness, MSA）是海事监管、维护国家海洋权益和捍卫蓝色国土安全的首要任务。此外随着海上无线通信、人工智能技术和船舶轮机自动化水平的提高，智能航运业已成为全球航运未来的必然发展方向。计算机视觉具有提供最接近人类视觉语义信息的天然优势，在海上态势感知领域有着广泛的应用前景。本书将海上监视系统和智能船舶航行中的视觉感知任务统一为海上视觉感知，并提取它们共性的关键技术作为研究的重点。

受益于有监督的判别式深度学习（Discriminant deep learning）研究的深入，近年来无人机、自动驾驶汽车针对空中和地面环境的视觉感知有了长足的发展，然而由于海面环境和船舶六自由度运动的复杂性，当前基于深度学习的视觉感知技术不能有效满足智能船舶的自主驾驶以及岸基监视系统对于态势感知的应用需求，许多关键问题没有得到完美解决，如海面弱小目标的检测和跟踪需求，加上海面背景的动态变化、视觉传感器的高频抖动以及低频视域偏移对成像区域的影响，以及常见的能见度不良等诸多因素均给海上视觉感知带来了较大的挑战。

针对以上诸多挑战，本书基于判别式深度学习，抽取出海面全场景解析、目标重识别和检测后跟踪等关键技术作为研究重点：首先对海面场景进行前景目标和背景区域分离，紧接着提取船舶的重识别（外观）特征，然后对检出的船舶目标进行跟踪以形成稳定的航迹。在上述研究路线下，研究过程分别按照数据集构建、网络模型设计和优化目标函数构建三个维度展开，而后直接使用经典的优化器进行求解，而没有涉及优化算法自身的改进。本书的基础性工作和主要贡献总结如下：

1. 针对海面全场景解析任务需求，提出一个可以端到端训练的、多任务级联的全景分割方法。该方法中语义分割和实例分割分支使用共享的特征提取和融合网络（骨干网络+颈部网络）；语义分割基于 Res2Net 和改进的 FPN 实现；实例分割则在最新的 YOLO 检测器上添加掩模（Mask）分支实现，并嵌入瓶颈注意力模块，该模块同时进行通道和空间维度的注意力计算；针对语义分割和实例分割可能存在的预测冲突问题，最后还提出一个基于 Dezert-Smarandache 理论（DSmT）辅助决策的全景融合头部。实验结果表明，所提方法兼顾了目标检测和分类、实例分割和语义分割等多任务执行的实时性和准确度，并且能够有效检出复杂场景下的弱小目标。

2. 针对海上船舶目标重识别任务需求，提出一种融合全局和局部特征的多视图学习方法。该方法同步提取全局特征和具有判别力的局部特征，并进行特征融合；基于视角估计和难样本挖掘，提出一种基于方向引导的五元组优化目标函数，并将其与标准的交叉熵损失相结合；充分挖掘船舶外观所具有的本质特征，对多视图表示的学习算法进行优化和细化，最终实现船舶的重识别；最后在上述流程（Pipeline）嵌入具有区分力的部件检测模型和视角估计模型，形成统一的框架。实验结果表明，所提出的全局-局部特征融合方法能够显著提升船舶重识别的精度，而且相较其他先进方法对跨视角图像的处理更加有效和鲁棒。

3. 针对海上船舶目标跟踪任务需求，提出一种多模型多线索的检测后跟踪方法，该方法同时使用船舶的运动信息和外观特征进行数据关联。在海面船舶的跟踪中使用船舶重识别技术，并将提取的外观特征视为对船舶目标进行长期跟踪的多个线索之一。在对目标跟踪的外观相似性估计时引入上述的重识别特征，并采用多模型解决传统单模型卡尔曼跟踪算法的对机动目标跟踪不稳定问题，其结合了多模型下的目标船舶运动信息、本船姿态和目标船舶外观特征，解决因运动模糊、遮挡等原因导致的跟踪批号频繁切换问题；数据关联阶段提出一种混合式亲和模型，针对运动信息和外观模型分别计算相似度，根据当前时刻的本船姿态，计算加权和并构造成本矩阵，最后将其转化为经典运筹学中的指派问题即最小化成本模型来解决，进而使用匈牙利算法或模拟退火算法进行关联分配。实验结果表明，所提方法不仅对跟踪过程中批号切换次数指标有明显改善，而且帧率（FPS）也有显著提高。

4. 在海洋环境下的数据集建设方面，本书构建了首个用于海面全场景解析的数据集 MarPS-1395，该数据集标注完备，由 1395 张逐像素标注的海面图像组成，填补了该领域全景分割数据集缺失的空白；此外还构建了一个学术界和工业界目前已知的最大规模船舶重识别数据集 VesselID-539，该数据集具有场景多样、目标属性丰富等特点，包含 539 条船舶 ID，共计 149 363 张图片，并标注出多达 447 926 个不同视角下船舶部件的边界框。

本书作者在舰船电子科技领域具有扎实的理论基础和以软件主管参与多项国家重大工程项目的科研经验，多年来一直与专业从事智能船舶、自动驾驶领域的高校和科研院所保持着密切合作关系。本书是在我们团队已发表论文的基础上凝练而成的。在本书的写作过程中，得到了上海海事大学刘广钟教授、江苏海事职业技术学院副校长缪克银教授、中国船舶集团有限公司第八研究院袁桂生研究员等人的支持和鼓励，在此表示由衷的感谢。

还要特别感谢江苏省高等学校自然科学研究重大项目（20KJA520009）、江苏海事局科技计划项目、江苏海事职业技术学院科技创新基金和千帆团队等科技项目提供的经费资助。同时感谢江苏省青蓝工程优秀青年骨干教师、江苏省高职院校教师专业带头人高端研修（2018GRFX016）等人才项目提供的资金支持。

鉴于基于深度学习的海上态势视觉感知是一门全新的技术，国内外研究学者相对较少，且缺乏相应的标准，再加上本书作者自身学识水平有限，书中难免存在疏漏和一些值得商榷之处，敬请读者们给予批评指正。

乔大雷
2021 年 10 月
于南京

Research on visual maritime situational awareness method

PREFACE

Establishing a complete maritime situational awareness system (MSA) is the primary task of maritime surveillance, safeguarding the country's maritime rights and interests as well as safeguarding the country's maritime safety. In addition, with the rise of deep learning and the improvement of ship automation, intelligent shipping has become the inevitable development direction of global shipping in the future. Computer vision has the inherent advantage of providing semantic information closest to human vision, and has wide application prospects in the above scenarios. This dissertation unifies the visual perception in maritime surveillance systems and intelligent ship navigation into maritime vision-based situational awareness, and extracts their common technologies as the focus of our research.

Benefiting from the development of supervised discriminant deep learning, in recent years, drones and autonomous vehicles have made great progress in visual perception of the air and ground environment. However, due to the complexity of the sea condition and 6-Dof motion of the ship, the current deep learning-based visual perception technology cannot effectively satisfy the automatic driving of smart ships and the application requirements of shore-based surveillance systems for visual surveillance. Many key issues have not been perfectly solved, such as the detection and tracking requirements of small and weak targets on the sea-surface, the dynamic changes of the background, the high-frequency jitter of the camera, the impact of low-frequency field of view shift on the imaging area, and possible poor visibility, etc. All factors have brought greater challenges to maritime visual perception.

In response to the challenges aforementioned, this book is based on discriminative deep learning, extracting full-scene parsing of the sea surface, target re-identification and tracking-by-detection as the key technical routes of the research. First, the foreground target and background region are separated from the sea scene, and then the vessels re-identification (appearance) features are extracted, and then the detected targets are tracked to form a stable trajectory. Under the above research roadmap, our research process is carried out according to the three dimensions of data, model structure, and optimization objective function, without involving the improvement of the optimizer itself.

The basic work and main contributions of this book are as follows:

1. Aiming at the parsing of the full sea-surface scene, a multi-task cascading panoptic segmentation framework that can be trained end-to-end is proposed. The semantic segmentation and instance segmentation branches in this framework use shared feature extraction and fusion networks; the semantic segmentation is implemented based on Res2Net and improved FPN; the instance segmentation is implemented by adding the Mask branch to the latest YOLO detector and embedding the bottleneck attention module. In addition to the possible prediction conflicts between semantic segmentation and instance segmentation, a panoptic fusion head based on Dezert-Smarandache theory (DSmT) is finally proposed. Experimental results show that the proposed method takes into account the real-time performance and the accuracy of multi-task execution such as target detection & classification, instance segmentation and semantic segmentation, and can effectively detect dim and small targets in harsh scenes.

2. Aiming at the re-identification of marine ship targets, a multi-view learning framework combining global and local features is proposed. The framework integrates global features and discriminative local features, and combines the proposed quintuple loss based on orientation guidance with standard cross-entropy loss; fully explores the intrinsic characteristics of the ship's appearance. The learning algorithm is optimized and refined to finally realize the re-identification of the ship; and the discriminative component detection model and the viewing angle estimation model are embedded in the above pipeline to form a unified framework. Experimental results show that the proposed global-local feature fusion method can significantly improve the accuracy of ship re-identification, and it is more effective and robust in processing cross-view images than other state-of-the-art methods.

3. Aiming at tracking ship targets at sea, a tracking by detection framework with multiple models and multiple clues is proposed, in which the ship's motion information and appearance characteristics are used for data association. The ship re-identification is used in the tracking of ships on the sea, and the extracted appearance features are regarded as one of multiple clues for long-term tracking of ship targets. In the estimation of the appearance similarity of target tracking, the above-mentioned re-identification features are introduced, and multiple models are also used to solve the instability of tracking maneuvering targets in the traditional single-model Kalman tracking algorithm, which combines the target ship

motion information under multiple models. The posture of the ship and the appearance characteristics of the target ship solve the problem of frequent switching of IDs due to motion blur, occlusion, etc. In the data association stage, a hybrid affinity model is proposed. The similarity is calculated for the motion information and the appearance model. According to the current posture of the ship, the weighted sum is calculated and the cost matrix is constructed. Finally, it is transformed into an assignment problem in classic operations research. That is to minimize the cost model to solve, and then use the Hungarian or simulated annealing algorithm for association allocation. Experimental results show that the proposed method not only significantly improves the index of ID switching (IDSw) in the tracking process, but also significantly improves the frame rate (FPS).

4. In addition, in terms of dataset construction in the marine environment: this book constructs the first sea scene parsing dataset MarPS-1395, which is fully annotated and consists of 1395 pixel-by-pixel images, and fills the missing gaps in the panoptic segmentation dataset in this field. In addition, VesselID-539, the largest ship re-identification dataset currently known in academia and industry, has been constructed. This dataset has the characteristics of diverse scenes and rich target attributes. It contains 539 ship IDs and a total of 149,363 images. In the VesselID-539 dataset, we further annotated up to 447 926 bounding boxes of ship components under different viewpoints.

目 录

第一章 绪　论

1.1 研究背景与意义

众所周知，地球表面近 70%被海洋、内河湖泊等水域覆盖，作为海洋开发和利用大国，我国拥有全球第三的海洋国土（300 万平方千米）和第五的海岸线（3.4 万千米），随着国家间海洋权益争端形势的日趋激烈和复杂，海上集成监视、管理、维权以及相应的执法工作也变得更加艰巨而繁重，这对海上特定区域的全方位立体观测及航行态势感知能力的提升提出了更高的要求。在海洋监管领域，海量的监控视频需要船员或交管值班员实时监视，消耗了大量的人力、物力，还存在着因疲劳等人为因素导致的漏检现象。而通过对监控视频中的船舶目标进行自动的检测、重识别和跟踪，可以推动海上态势感知由传统方式向智能化方式的转变。

此外，当前人类社会已徐徐拉开了全自动无人驾驶的序幕，飞机、汽车如此，海上的舰艇船只也不例外。近年来，随着物联网、大数据和人工智能等信息通信技术的迅速发展，作为海洋开发和海上运输的重要载体——船舶的智能化水平也成为亟待提高的关键问题。国家相关部委也于 2019 年初联合发布了《智能船舶发展行动计划（2019–2021）》，规划出三年内该领域的发展重点和目标，其中明确提出将海面环境感知和智能航行作为核心待突破的关键技术。此外，作为世界排名靠前的造船和航运大国，我国近年来建造并下水了为数众多的不同种类和吨位的船舶，水域通航环境日趋复杂，迫切需要引入计算机视觉手段代替传统的人工瞭望，提高船舶航行安全保障的智能化水平，并以智能航运监管和智能航海保障体系的建设作为突破点，“船岸协同”实现船舶的智能航行直至自主航行。

所谓“态势感知（Situational awareness, SA）”，通常指某一个体对特定时间-空间下系统运作环境要素的察觉和理解，并在把握历史和当前态势的基础上给出未来状态的合理预测。个体船舶在对其周围的运动目标船舶进行检测和跟踪的同时，其自身也在运动，因此研究中可将海面目标船舶跟踪（特别是互见中）视为移动摄像头下的移动目标跟踪问题，对摄像头采集的目标船舶视觉特征进行处理。由于船舶避碰特别是紧迫局面下可能的加速、转弯等机动行为，再加上恶劣的海洋环境导致无人船本体视觉传感器的振动、摇摆，光照的变化以及可能的遮挡，以及如何对海面弱小目标进行检测和跟踪，这些都给课题的研究和实施带来了较大挑战。不仅如此，根据欧洲保险业巨头 AGCS 的最新报告[1]，目前 75% ~ 96%的海上碰撞事故与船员失误有关，因此无论无人还是有人驾驶船舶，都亟需利用先进的人工智能技术进行海面场景感知并进行辅助决策，逐步代替船员做出路径规划和操控，有效地避免人为因素所造成的失误，从而极大降低海上碰撞事故发生的概率。

总体而言，智能航运的快速发展给海面视觉感知提出了更高的要求；但当前基于深度学习的视觉感知仍然不能满足无人船（Unmanned surface vessel, USV）的自动驾驶以及海上集成监视系统的应用需求，存在较多关键问题没有得到有效解决[2]，例如：

（1） 海面视觉传感器监控范围广，目标通常距离本船较远，占整幅图像的比例小，故视其为海上弱小目标（相对尺度：目标宽高乘积小于整幅图像的十分之一；绝对尺度：目标尺寸小于 32 × 32 像素[3]）；

（2） 光线不良（强光或弱光）、波浪起伏、海面折反射干扰以及船舶运动产生的波纹（尾迹）等因素导致图像背景变化较大；

（3） 伴随着船体的不规则抖动、摇摆以及升沉，船载的监控视频也不可避免地出现高频抖动和低频的视域偏移；

（4） 海面的湿气、浓雾等能见度不良场景下的图像清晰度和对比度差，无法进行有效的目标检测和特征提取。

综上所述，针对海面全场景解析、船舶目标重识别、检测后跟踪及视觉感知技术在船舶交通管理系统中的应用四个方面展开海洋环境下的视觉感知技术研究，可以为后续的船舶路径规划和智能避碰决策提供数据支撑，无论对于提高岸基平台的海域环境监视效果还是对于智能船舶自主导航的实现，均具有重要的现实意义和实用价值。

1.2 国内外研究现状与发展趋势

与当前如火如荼的无人机、自动驾驶汽车所涉及的空中和地面环境视觉感知相比，水面环境视觉感知领域的研究进展则相对滞后的多。在现有技术条件下，岸基监视雷达、船载的导航雷达和自动识别系统（Automatic identification system, AIS）将探测出来的船舶目标在电子屏幕上显示为光点，缺乏形象直观性。事实上船舶是具有一定尺度的，将其当作点来处理对后续的路径规划和避碰决策是十分不利的，近年来多起的船舶碰撞事故也证实了这一点。实验心理学家 Treichler 通过其著名的学习感知实验表明[4]，人类通过视觉获取的感知信息占所有感知途径（视觉、听觉和触觉等）的 83%，再加上单目视觉传感器具有的安装方便、体积小、能耗低和实时性强等优势，能够为海上的集成监视系统或无人船的自主导航提供大量直观、可靠的信息。

针对海上监视以及自动驾驶场景下的航行态势视觉感知需求，并以判别式深度学习的应用作为主视角，下面从海面全场景解析、船舶目标重识别和船舶目标跟踪三个关键技术方向展开研究现状综述。

1.2.1 海面全场景解析研究现状

（1）目标检测

对于海面上的一些小型目标，如海洋浮标、运砂船、木质渔船以及海盗小艇等，大概率存在没有安装或恶意关闭 AIS 的情况，并且由于尺寸小，相应的雷达反射截面积（Radar cross section, RCS）也较小，在光学图像中目标边缘也易被复杂的噪声杂波所淹没，难以及时被单一模态的传感器检出，容易造成紧迫局面和碰撞事故的发生。海面弱小目标的信号强度小，信噪比低，加上背景复杂、波浪起伏，使得针对弱小目标的检测和跟踪难度较大。然而尽早发现远处的海面弱小目标，可以给无人船本体的路径规划和避碰决策保留足够时间余量。

图 1—1 典型船舶目标检测和识别流程

传统的图像检测大多采用视觉显著性检测技术，主要遵循预处理、特征工程和分类三个步骤。虽然这些方法检测和跟踪的准确性较好，但环境适应能力较弱且速度不快，在复杂多变的海洋环境下，检测和跟踪速度的落后会导致信息的滞后，致使无人船陷入危险的境地。由此可见，要实现无人船的自主航行，亟需研究基于计算机视觉的快速检测和跟踪技术，提高无人船对周围环境和航行态势的直观感知能力。

Kim 等人基于著名的两阶段检测模型——Faster R-CNN 进行船舶检测及分类[5]，并通过跟踪交并比（Intersection over union, IoU）来提高船舶的检出概率。Marié 等人提出了一种基于 SIFT 关键点（Keypoint）的动态锚框生成方法，以此生成高质量的区域建议后，将其输入 Faster R-CNN 训练网络进行进一步处理[6]。Cao 等人利用卷积神经网络（CNN）从船舶的图像中提取特征，最终实现对视频序列中的船舶目标的有效识别[7]。

（2）图像分割

海面场景下的图像分割方面，目前研究成果大都集中在语义分割（Semantic segmentation）领域。典型的如 Bovcon 等人使用惯性测量单元（Inertial measurement unit, IMU）辅助的语义分割进行水面立体障碍物检测[8]，并针对无人船的应用需求构建了一个含有 1325 张手工标注图片的语义分割数据集[9]，然后在 U-Net[10]、PSPNet[11] 和 Deeplab v2[12]等主流算法上进行对比实验。此外 Bovcon 等人还基于编码-解码器（Encoder-Decoder）模型并融合船载的 IMU 数据[13]，设计出一个海面边缘分割和障碍物检测模型，在弱小目标的检测上效果显著。Cane 等人在 4 个公开的海事数据集（MODD[8]、SMD[14]、IPATCH[15]、SEAGULL[16]）上，评估并比较了 SegNet、Enet 和 ESPNet 等经典语义分割模型的性能[17]。Zhang 等人针对复杂的海洋环境，设计了一个两阶段的语义分割框架[18]，具体思路为先鉴别出海面上诸如海雾、船舶尾迹和波浪等干扰因素，然后再提取船舶目标的语义掩模（Semantic mask）。

船舶在水面航行过程中，远处的目标或障碍物首先出现在海–天线（Sea sky line）附近，因此预先提取海–天线 / 海–岸线（Sea land line）能够显著缩小目标检测的潜在区域。针对船载和浮标等动平台摄像机采集的图像，近年来人们提出利用海–天线引导进行船舶检测和跟踪的方法[19]。Jeong 等人提出了一种利用目标潜在区域（Region of interest, ROI）估算海–天线的方法[20]。在文献[21]中，Zhang 等人使用离散余弦变换方法进行海–天线检测，动态地区分离背景并进行前景分割。此外，Sun 等人提出了一种粗-细缝制（Coarse-fine-stitched）的无人船载海–天线检测方法[22]。Steccanella 等人使用 CNN 将船舶航行的水面区域逐像素划分为水面和非水面两类[23]，然后通过曲线拟合生成水线（Waterline）。Shan 等人在海–天线的提取以及周围船只的检测中将视觉传感器的运动姿态考虑进来[24]。在文献[25]中，Su 等人使用海上折反射式的全景视觉装置，提出了一种基于梯度方向的圆形海–天线检测方法。对于小型无人船艇，往往限于尺寸和成本无法安装 X 波段导航雷达、双目相机等测距设备，Gladstone 等人在估算海面船舶目标距离时充分利用地球的几何形状和单目相机的光学特性[26]，并将检测出的海–天线作为参考基线，经过多次实验测试得到的平均误差仅为 7.1%。

与本书第三章类似，Jeong 等人借助金字塔场景解析网络（PSPNet）语义分割框架进行海面场景解析[27]，然后通过直线拟合算法提取海天线，实验表明该方法相较传统方法准确度大幅度提高且鲁棒性强；Qiu 等人基于经典的 U-Net[10]语义分割框架为无人船设计了一个实时的语义分割模型[28]，在该模型中将海面场景分为天空、海面、人、船舶目标和其他障碍物五类。Kim 等人[29]在嵌入式智能计算平台 Jetson TX2 上，提出一个轻量级的 skipZ_ENet 模型对海面障碍物进行语义分割（将海面场景分为海面、船舶、岛屿和码头等五类），达到了实时的性能。受益于近年来目标检测、语义分割技术的进步，在前两者的基础上人们进一步开展实例分割甚至是全景分割工作，即在像素层面更加精细地区分具有不同轨迹和行为的对象。然而当前海面船舶的实例分割大都集中在遥感领域，诸如文献[30]、[31]等，在可见光图像领域仅检索到极少量文献[32, 33]。其中海面环境下的全场景分割是本书的研究重点之一，将在第三章中详细阐述。

1.2.2 海面船舶目标重识别研究现状

通常岸基的视频监控系统（Closed circuit television, CCTV）和航行中的无人船通过多路摄像机（如典型的在船首、船尾、左舷和右舷各设置若干路）对船舶交通管理系统（Vessel traffic service, VTS）的服务水域或船舶本体周围的海面环境进行集成监视，迫切需要解决跨摄像头跨场景的目标船舶识别与检索，即重识别(Re-Identification, ReID）问题。船舶目标作为刚体，不同视角（Viewpoint）下的船舶姿态变化相比行人和车辆要大得多，除此之外前文提及的海面环境的光照变化、背景变化以及随着距离视觉传感器远近而变化的船体尺度等使得同一 ID 船舶聚类的内部呈现高差异性、不同 ID 船舶聚类之间呈现高相似性，这些都显著增加了海面船舶目标重识别的难度。

目标重识别作为图像检索的子问题，目前成果大多集中于行人、车辆方面。在谷歌学术使用“Ship + Re-identification”、“Ship + Re identification”、“Vessel + Re-identification”和“Vessel + Re identification”等关键词进行检索，船舶领域仅有几篇相关成果的报告[34, 35]，其中有 2 篇为本书作者发表的文献。类比于行人和车辆的重识别，本书将船舶目标重识别（俗称“船脸识别”）定义为：针对给定的查询集（Probe set）中的船舶图片，利用计算机视觉技术在跨帧或跨相机设备的图库集（Gallery set）中检索该船舶。当前 ReID 的研究重点在于如何解决类内差异和类间相似的挑战，而船舶目标作为刚体，相似度高且同质性强，也进一步增加了重识别问题的难度。

针对岸基闭路电视系统或无人船端的海面监视需求（跨摄像头跨场景的航行态势感知），在船舶目标检测的基础上进行跨模态船舶目标的重识别，弥补单一摄像头的视觉局限，辅助目标跟踪模块进行长时的多船舶目标跟踪。图 1–2 给出了船舶重识别的四个核心步骤：船舶目标检测，特征提取，特征变换，以及相似度度量学习。

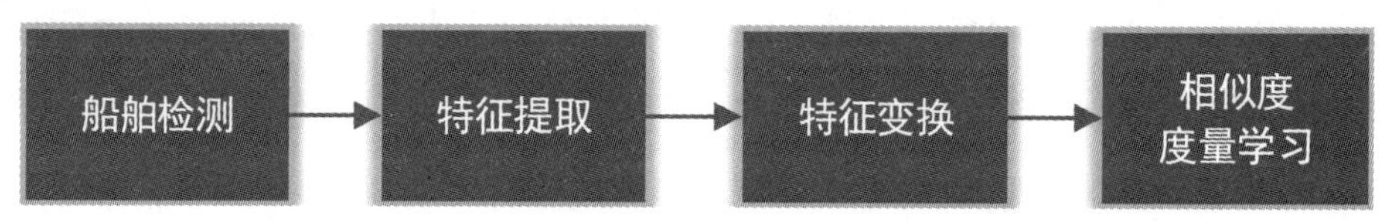

图 1–2 典型船舶目标重识别流程图

相对于传统的行人、车辆甚至是珍稀野生动物的重识别研究，因船舶的尺寸大，视角的变化导致其视觉信息（外观）差异更大，因而通用物体的目标重识别算法很难直接迁移到船舶目标上。Tian 等人利用词袋模型（Bag of words, BoW）来建模提取出的深度特征[36]，然后在自建的大型船舶图库集上针对检索策略展开研究。Hilton 等人研究了如何利用胶囊神经网络（Capsule network）解决船舶分类过程中的视角不变性问题[37]。从度量学习层面入手，Jinwen 等人在文献[38]提出的船舶识别框架中引入基于图模型的能量损失函数。Groot 等人在航道水域内对多摄像头视角下的船舶目标利用航迹匹配、时间过滤等技术进行重新识别[39]，并通过航行时间和位置固定的摄像头间的已知距离估算目标船舶的速度。此外，Ghahremani 等人基于 SSD 单阶段目标检测器将船舶的分类和视角估计进行融合处理[35]。

1.2.3 海面船舶目标跟踪研究现状

在复杂的海面场景下特别是在对高速运动目标的监视活动中，仅给出离散的位置信息是远不够的，为实现实时的避碰决策，有必要给出目标船只的航向、航速等运动态势估计，在遮挡和杂波环境下进行关联和外推，形成稳定的航迹。USV 本体在对其周围的运动船舶目标进行检测和跟踪的同时，其自身也在运动，因此研究中将海面船舶目标的跟踪（互见中）视为移动摄像头下的运动目标跟踪问题，对摄像头采集的目标船舶视觉特征进行处理。在船舶本体执行避碰决策时，特别是紧迫局面下目标船舶可能的加速、转弯等机动行为，再加上恶劣的海洋环境导致本船视觉传感器的振动、摇摆，场景光线的变化以及可能的遮挡，以及如何进行海面弱小目标的检测和跟踪，这些都给本书的研究和具体应用带来了较大挑战。

传统的以粒子滤波[40]、卡尔曼滤波[41]和 Mean shift 算法[42]为代表的“生成式模型”跟踪框架，在对船舶目标进行跟踪的过程中忽略了它与海面背景以及其他非目标的相关特征，导致准确度不高，同时由于计算的复杂性导致其实时性能也略显不足。近年来，研究人员逐步引入先进的相关滤波和深度学习方法针对海面监视视频中的船舶跟踪，其中的相关滤波（Correlation filters）类算法[43]以跟踪速度快著称，因其对多目标的跟踪存在天然的缺陷且提取出的特征受光照、姿态影响较大，目前的成果大都局限于单目标的跟踪；相比而言，深度学习类方法的研究更为广泛，且受益于提取的表达能力更强的深度特征，其跟踪精度也有明显提升。

Zhang 等人在对船舶目标的跟踪中将深度学习提取的特征与传统的方向梯度直方图（HOG）、局部二值模式（LBP）和尺度不变特征变换（SIFT）等手工特征相结合[44]。与本书第五章类似，Yang 等人在对海面船舶的检测过程中引入深度学习技术，并在后续的跟踪流程引入深度外观特征并与经典的 Kalman 滤波算法结合[45]。Leclerc 等人利用迁移学习对船舶进行分类，显著增强了跟踪器的预测能力[46]。在基于区域推荐的孪生网络结构（SiamRPN）的基础上，Shan 等人针对海洋环境特点和海面弱小目标（像素占比小于 4%）的检测和跟踪需求引入特征金字塔网络（FPN）[24]，最终构建出一个海面船舶的实时跟踪框架——SiamFPN。

1.2.4 海面视觉感知数据集

（1）海面船舶目标视觉数据集

与丰富的行人和车辆视频或图像数据集相比，当前海洋环境下的船舶视觉数据集相对匮乏，特别是全场景标注的数据集目前还未见公开的成果报告，严重制约相关研究工作的深入开展。

表 1-1 海面场景下的主要船舶目标视觉数据集

数据集名称	拍摄角度（视角）	用途	分辨率（像素）	规模	开放获取
MARVEL[47]	岸基+船载	分类	512 × 512 等	大于 140K 张图片	是
MODD[8]	船载	检测、分割	640 × 480	12 段视频，4454 帧图片	是
SMD[14]	岸基+船载	检测、跟踪	1920 × 1080	36 段视频，17K 帧图片	是
IPATCH[15]	船载	检测、跟踪	1920 × 1080	113 段视频	否
SEAGULL[16]	无人机载	检测、跟踪及污染物检测	1920 × 1080	19 段视频，大于 150K 帧图片	是
MarDCT[48]	岸基+俯视	检测、分类、跟踪	704 × 576 等	28 段视频	是
SeaShips[49]	岸基	检测	1920 × 1080	大于 31K 帧图片	部分
MaSTr1325[9]	船载	检测、分割	512 × 384、1278 × 958	1325 帧图片	是
VesselReID[34]	船载	重识别	1920 × 1080	4616 张图片，733 条船舶	否

表 1-1 总结和归纳了截至当前（2020 年 12 月）视觉领域目前已公开的海面船舶目标数据集。最具代表性的数据集有：Prasad 等人[14]采集并标注的新加坡海事数据集（Singapore maritime dataset，SMD），SMD 包含 51 个标注好的高清（HD）视频片段，分别为 40 段岸基视频（固定平台摄像机）和 11 段船载（移动平台摄像机）视频。Gundogdu 等人基于 shippotting 网站构建的包含 197 类，共 1 607 190 张船舶图片的海上船舶数据集，这些图片均已完成船舶位置和类型标注，如杂货船、集装箱运货船、散货船和客轮等[48]。武汉大学 Shao 等人构建的大型的船舶检测数据集 SeaShips，他们收集了珠海近岸海域的 156 个监控摄像头数据，考虑背景选择、光照环境、可视比例和遮挡等因素，从 10 080 段视频中提取出 31 455 张图片，涵盖了矿砂船、散装货船、杂货船、集装箱船、渔船和客轮共 6 种船型，并给出 VOC 格式的标注数据，遗憾的是目前仅公开了极少量的视频片段[49]。此外，Bovcon 等人为无人船构建了由 1325 张手工标注图片组成的语义分割数据集[9]。

（2）内河水面目标视觉数据集

内河场景中除了前景的目标船舶和障碍物，其背景相对于通常的海洋环境要复杂的多，如天空、水面、山峦、桥梁、沿岸的树木以及建筑物等，因而内河数据集和其上的研究成果能为海上场景提供有效的借鉴。武汉理工大学滕飞等人收集了国内的浙江、广东、湖北和安徽等地的海事闭路电视系统（CCTV）的船舶监控视频，建设完成一个内河船舶视觉跟踪标准库[50]，该标准库充分考虑了时间、地域、气候和天气等诸多因素，并精心挑选出 400 小段具有一定的完备性和代表性的视频。

武汉理工大学刘清等人在上述内河跟踪数据集（原始视频）的基础上，剪辑掉无船经过以及船舶尺度和场景变化不明显的视频帧，构建一个内河船舶视觉检测库[51]：该数据集中的视频被统一裁剪为 320×240 像素大小，共计 100 段；每个视频段时长跨度为 20~90 秒，约有 400~2000 帧。

深度学习模型的训练需要大量的数据作为支撑，而海面场景对天气、目标尺度、位置和视角等多样性的需求，使得真实数据的获取异常困难且代价不菲。近年来，引入合成数据逐渐成为训练集扩增的新趋势。Shin 等人基于经典的“复制-粘贴”方法，为使用掩模区域卷积神经网络（Mask R-CNN）抠出来的前景船舶目标更换不同的背景[52]，有效扩增了目标检测任务的数据集规模。Chen 等人针对海面小船舶目标（如渔船、竹筏）的图像样本有限，使用生成式对抗网络（GAN）方法进行数据增强[53]，并和 YOLO v2 结合进行小型船舶目标检测。MARIO 等人在船舶细粒度分类任务中使用水平翻转、剪切-复制和改变 RGB 通道值等传统方法进行数据增强[54]，也取得了不错的效果。

1.2.5 海面视觉感知发展趋势

与无人机和自动驾驶汽车的发展模式类似，基于多模态传感器感知融合也势必成为海上环境感知的必然趋势。视频或图像序列天然具有全天候、成本低和实时性高等优势，可以提供大量可靠、直观的信息，然而在光线不良、雨雪天气以及船体摇摆等情况下，使用单一传感器常常面临误检率、漏检率过高的问题。因此亟需将源于同一目标的多个孤立模态数据表示融合为单一的、更加精确和可信的数据，即利用多模态传感器的互补优势来减少无人船在对周围船舶目标的检测和跟踪过程中产生失误的概率，提高无人船自主航行或海上监视系统环境感知的有效性。在航行态势的“智能感知”层面，以可见光图像（视频）为核心，融合如船载 X 波段雷达、红外热图像、自动识别系统（AIS）等其他模态传感器的感知信息，期待在水面弱小目标检测、船舶重识别、运动船舶目标跟踪以及海洋环境理解与建模等方面实现理论和技术突破。

Chen 等人在对目标船舶的监视中融合了岸基监控视频和船载的 AIS 信息，根据卡尔曼（Kalman）滤波后的 AIS 位置调整摄像机的姿态和焦距，即通过 AIS 和摄像头联动来跟踪周围船舶[55]。Thompson 融合了激光雷达（LiDAR）和摄像机进行海上目标的检测、跟踪和分类[56]。Helgesen 等人将可见光摄像机、红外相机、雷达和激光雷达融合进行海面的目标检测和跟踪[57]，并在关联阶段使用联合的综合数据关联(JIPDA)方法。Haghbayan 等人同样借助于概率数据关联滤波（PDAF）将上述四种异构传感器进行信息融合[58]，从各自提取的边界框（Bounding box, Bbox）来看，RGB 摄像机最为精确，并基于此使用 CNN 网络进行后续的目标分类。对于可见光图像和热红外图像（背景分别为海岸、天空以及其他船只），Farahnakian 等人的对比实验表明，在白天和夜晚的海面场景下，采用深度学习的两种融合方法（DLF 和 DenseFuse）明显好于其他六种传统方法（VSM-WLS、PCA、CBF、JSR、JSRDS 和 ConvSR）[59]。在 2016 年的国际海上机器人挑战赛（Maritime RobotX challenge）上，Stanislas 等人融合了 LiDAR、毫米波雷达和摄像机信息[60]，提出一种用于海面障碍物地图和特征地图（用于目标识别）的同步构建策略。为应对恶劣的海洋环境给视觉感知带来的挑战，针对可见光和红外两种模态图像，Farahnakian 等人分别从像素级、特征级和决策级别进行融合[61]，对比实验的结果表明特征级融合结构（中期融合）在三者间取得的性能最优。

1.3 本书主要工作和研究成果

1.3.1 主要研究内容和技术路线

本书将海上态势视觉感知的对象定义为与 USV 本体关联的局部环境或者 VTS 服务水域中的各类目标和障碍物。针对海上监视以及无人船的自动驾驶的任务需求，对海面全场景解析、船舶目标重识别和船舶目标跟踪按照数据、模型和优化目标函数依次展开研究，并在海面全场景解析和船舶目标重识别的研究过程中构建了目前首个海面全景分割数据集 MarPS-1395 和已知目前最大的船舶重识别数据集 VesselID-539。本书的研究技术路线如图 1-3 所示。

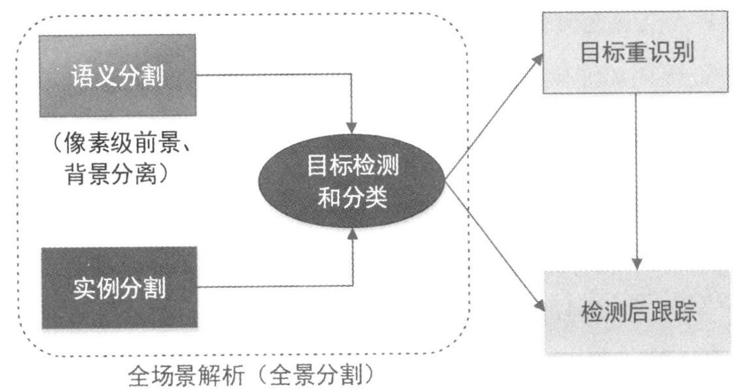

图 1-3 本书研究技术路线图

海面全场景解析、船舶目标重识别和船舶目标跟踪三者关系如下：从全场景解析中剥离出来的目标检测任务位于三者中心位置，起到承前启后的作用；语义分割在像素级（Pixel-wise）将前景目标（船舶、浮标等可数的障碍物）、背景（海面、天空、山峦、岛屿和陆地等）进行分离，为目标检测"排除异己"；实例分割和目标检测、分类相辅相成；目标检测为重识别提供先验知识，即直接对检测出来的船舶图片进行重识别；此外目标重识别为后续检测后跟踪流程提供外观特征支撑。通过上述三者的协同工作，最上游的检测后跟踪任务连续输出周围船舶目标以及其他动、静态障碍物的运动状态估计信息，为最终实现对周围船舶行为的理解和本船的避碰决策奠定基础。

1.3.2 本书主要研究成果

（1）提出一种可以端到端（End to end）训练的、多任务级联（Multi-task cascade）的全景分割框架。该框架中语义分割和实例分割使用共享的特征提取和融合网络（即 Backbone + neck）；其中语义分割分支基于 Res2Net 和改进的 FPN 实现；实例分割分支则在最新的 YOLO 检测器上添加 Mask 分支实现，并嵌入瓶颈注意力模块；此外针对语义分割和实例分割可能存在的预测冲突问题，提出一个基于 Dezert-Smarandache 理论（DSmT）的全景融合头部。

（2）提出一种基于全局和局部融合的多视图特征学习框架。该框架融合全局特征和具有判别力的局部特征，并将交叉熵损失与所提出的基于方向引导的五元组（O-Quin）损失相结合；充分挖掘船舶外观更深、更为抽象的固有特征，对多视图表示的学习算法进行优化和细化，最终实现船舶的重识别；并在上述的流程（Pipeline）中嵌入具有区分力的部件检测模型和视角估计模型，形成统一的框架并进行整体的功能优化。

（3）提出一种多模型多线索的检测后跟踪框架，并在该框架中同时使用船舶的运动信息和外观特征进行数据关联。在海面船舶的跟踪中使用船舶重识别技术，并将挖掘出的外观特征作为对船舶目标进行长期跟踪的多个线索之一。在对目标跟踪的外观相似性估计时引入上述的重识别特征，并采用多模型流程解决传统单模型卡尔曼跟踪算法（如单一的常速度 CV 模型）的对机动目标跟踪的不稳定问题，结合了多模型下的船舶运动信息、本船姿态和目标船舶外观，解决因运动模糊、遮挡等原因导致的跟踪批号（ID）频繁切换问题；数据关联阶段提出一种混合式亲和模型，针对运动信息和外观模型分别计算相似度，并引入当前时刻的本船姿态，计算加权和，构造成本矩阵，最后将其转化为经典运筹学中的指派问题即最小化成本模型，进而使用经典的匈牙利或模拟退火算法进行关联分配。

（4）构建完成首个海面场景解析数据集 MarPS-1395，该数据集标注完备，填补了该领域全景分割数据集缺失的空白；此外构建完成一个学术界目前已知的最大规模船舶重识别图像库 VesselID-539，该图像库包含 539 条船舶 ID，共计 149 363 张图片，并详细标注出 447 926 个不同视角下船舶部件的边界框（Bounding box, Bbox）。

1.4 本书组织结构

本书共分为七章，主要章节的组织结构以及研究内容如图 1-4 所示。其中：

第一章：绪论。首先介绍本书的研究背景和意义；然后对海面场景下的图像全场景解析、船舶目标重识别和船舶目标跟踪的研究现状进行全面总结和分析；最后面向海洋环境下航行态势视觉感知的任务需求，介绍了本书的研究技术路线和主要工作。

第二章：判别式深度学习与计算机视觉技术基础。首先介绍卷积神经网络和循环神经网络模型的一些核心概念，如卷积、网络模型的构成要素等；其次介绍后续研究过程中涉及的骨干网络框架；最后对视觉感知中的多尺度和注意力机制进行简要概括和研究。

第三章：基于全景分割的海面场景解析。首先回顾深度学习在语义分割、实例分割和全景分割研究领域的进展；然后给出所提出的端到端架构的全景分割方法描述；其次介绍了 MarPS-1395 数据集的构建过程；最后给出具体的实验配置及结果分析。

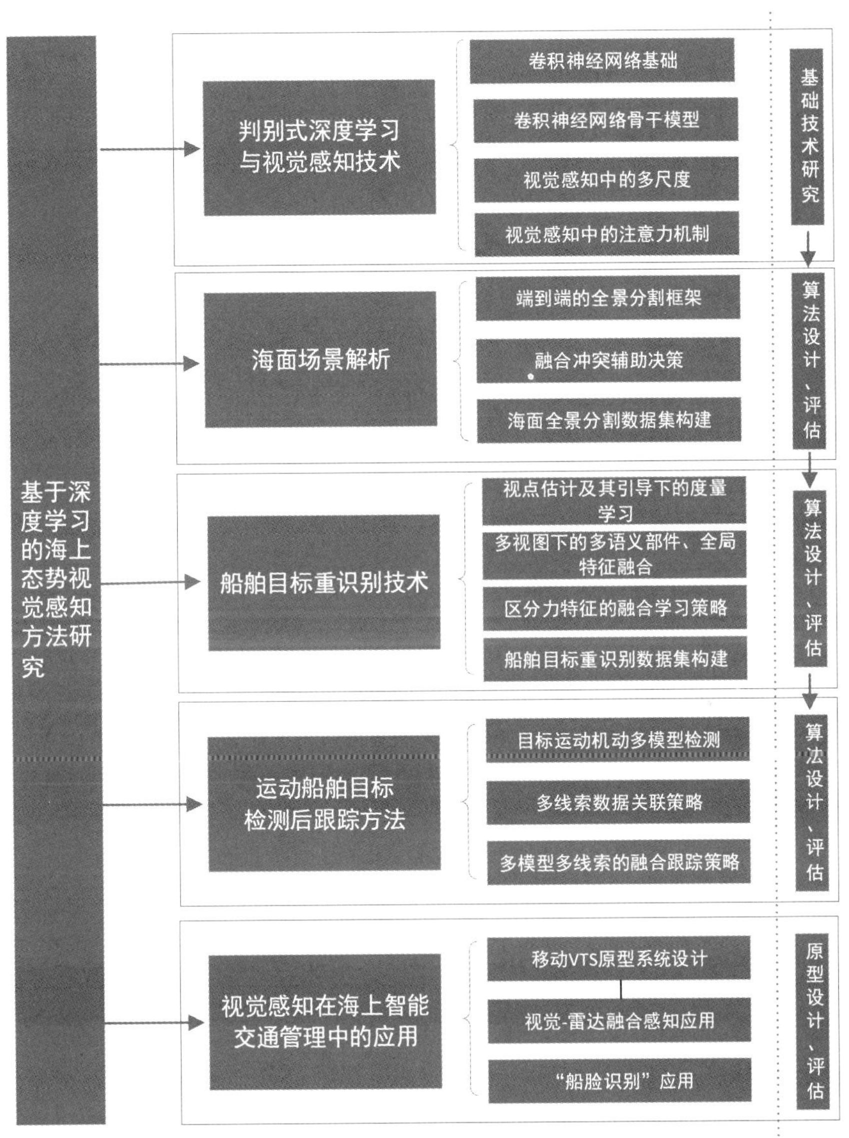

图 1-4 本书组织结构及章节安排

第四章：基于全局-局部判别特征融合的海面船舶重识别。首先综述通用物体如行人、车辆重识别领域的研究进展；然后介绍所提出的基于全局-局部判别特征融合的船舶重识别方法；其次介绍船舶重识别数据集 VesselID-539 的数据采集、标注以及划分等构建过程；最后给出具体的实验配置及结果分析。

第五章：基于多模型多线索的海上周围船只检测后跟踪。首先回顾基于深度学习在通用物体检测和跟踪领域的研究进展；然后详细介绍提出的多模型多线索检测后跟踪方法；最后给出具体的实验配置及结果分析。

第六章：视觉感知在海上智能交通管理中的应用。首先介绍船舶交通管理系统的基本概念；然后介绍本书所提出的方法在视觉-雷达融合感知领域的应用；最后介绍船舶重识别技术在“船脸识别”领域的应用。

第七章：总结与展望。本章对全文的基础性和创新性研究工作进行全面总结，并对海上视觉感知领域的进一步研究工作进行展望。

第二章 判别式深度学习与视觉感知技术

当前人类社会已全面进入人工智能时代，以深层卷积神经网络为代表的深度学习（Deep learning）技术也普遍受到人们的极大关注。作为现代人工智能（AI）领域全新的研究方向，深度学习这一突破性的思维范式由加拿大多伦多大学的杰弗里·辛顿（Geoffrey Hinton）等人在文献[62]中首次提出，其构建深层拓扑从大量的数据中学习判别表示和非线性映射。辛顿论文首次提出通过逐层的预训练（Pre-training）先对权值进行初始化，然后再进行有监督的微调（Fine-tuning）的方法，并探讨深层卷积神经网络训练时梯度消失问题的解决策略，自此开启了以深度学习为主导的人工智能研究的序幕。

现代深度学习技术可以大致分为判别式方法和生成式方法两类[63]，其中判别式方法是本文的研究基础，其对于给定的输入 x 和类别标签 y，估计条件概率分布 $P(y|x)$。有监督的**判别式模型**（Discrimitive model）要求事先以直接或间接的方式给出标签信息，并通过对可见数据类别的后验概率分布进行学习，本书涉及到的有卷积神经网络、时序神经网络及注意力机制等判别式深度学习模型。而无监督的**生成式模型**（Generative model）则估计联合概率密度分布 $P(x,y)$，生成符合样本分布的新数据，典型的网络模型有深度信念网络、生成对抗网络等。图 2-1 给出在商船和军舰二分类任务上，判别式模型与生成式模型的对比。

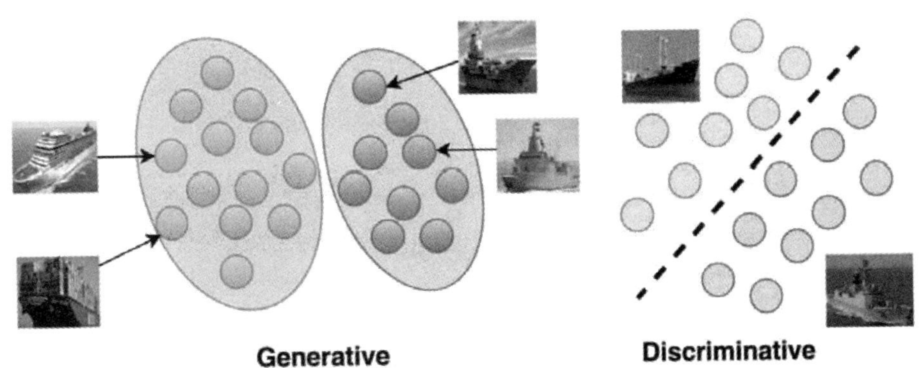

图 2-1 判别式模型与生成式模型对比图

本章内容安排如下：2.1 节介绍卷积神经网络基础；2.2 节归纳本书后续章节所涉及的卷积神经网络骨干模型；2.3 节介绍视觉感知中的多尺度解决方案；2.4 节总结视觉感知中的时序模型和注意力机制。

2.1 卷积神经网络

2.1.1 卷积的基本概念

在传统的信号处理中，卷积（Convolution）通常被定义为两个序列/函数的平移和加权叠加。图 2-2 给出了线性系统中输入信号、冲击函数和输出信号的关系：

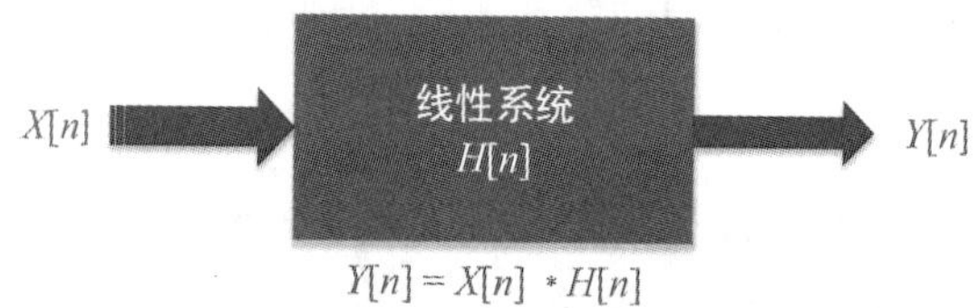

图 2-2 线性系统中的卷积示例

如图 2-2 所示，在线性系统中将输出定义为输入信号与系统冲击响应的卷积，图下方的等式右边使用“*”符号表示卷积。对于本书涉及的视频序列或彩色图像，假设第 l 层卷积的输入张量 $x^l \in \mathbb{R}^{H^l \times W^l \times D^l}$，其上的二维卷积操作可由下式表示：

$$y_{i^{l+1},j^{l+1},d} = \sum_{i=0}^{H}\sum_{j=0}^{W}\sum_{d^l=0}^{D^l} f_{i,j,d^l,d} \times x^l_{i^{l+1}+i,j^{l+1}+j,d^l} \tag{2-1}$$

尽管卷积核是否翻转不影响模型的学习效果，考虑到卷积运算过程中因卷积核通常不做翻转应该称为互相关，严格起见一般使用“⊛”（典型如 $Y=W⊛X$）符号以示与标准卷积中的“*”区分。

2.1.2 卷积神经网络的基本结构

1982 年日本著名学者福岛等人在已具备生物视觉系统感受野概念的多层感知机（Multi-layer perceptron, MLP）上，增加平移和畸变不变性，提出了现代卷积神经网络的奠基性工作——神经认知机[64]原型。作为 2018 年度图灵奖获得者中的两位深度学习先驱——杨立昆（Yann LeCun）、约书亚·本吉奥（Yoshua Bengio）等人早在 1988-1998 的十年间就基于上述神经认知机模型提出并迭代改进了 LeNet 系列模型[65]，值得一提的是其最终版本 LeNet-5 成功应用到了 MNIST 数据集的手写数字识别中。尽管以现代的标准衡量，LeNet-5 仍属于浅层网络（仅 7 层）并且计算能力受限，但其在训练模型中引入的局部感受野、共享权重和汇合（时空亚采样）等技术有效降低了网络对目标运动产生的平移、旋转、缩放等变换的敏感度，并且具备一定的形变适应能力。这些核心思想一直传承至今，广泛应用于当前主流的深度卷积神经网络模型设计中。

卷积神经网络的英文全称为 Convolutional neural network（CNN），作为一种使用卷积操作自动进行特征提取的深层前馈神经网络，其设计理念与经典网络模型沉淀下来的局部感知、权重共享和多卷积核等一脉相承。图 2-2 给出典型的执行图像分类任务的卷积网络结构及其运行流程[66]，其中输入图像中的船舶为中国首艘智能杂货船"大智号"。

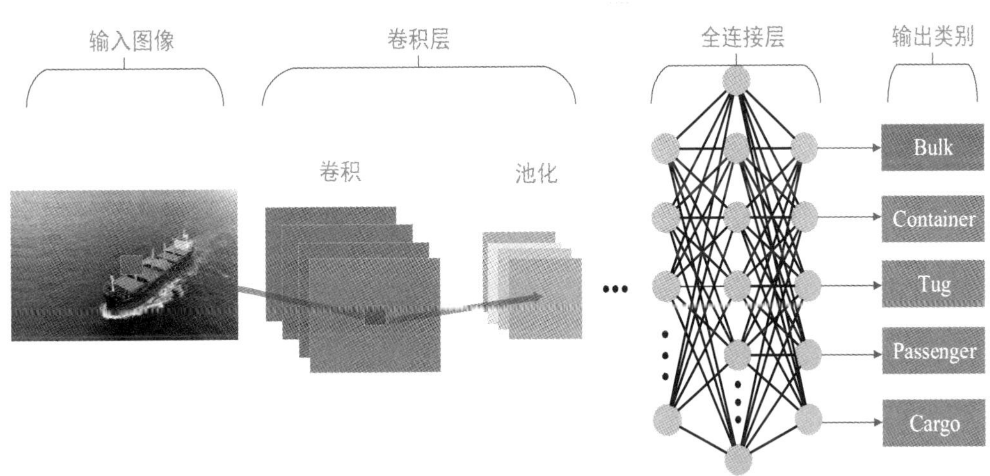

图 2-3 基于 CNN 的船舶图像识别流程图

图 2-3 所展示的 CNN 网络模型是一个典型的层级结构，从左到右首先是图片输入层，然后是卷积层、汇合层，紧接着是全连接层，最后是分类结果输出层。其中输入层为整个神经网络的输入，典型的三通道图像的输入层表示为 $x^{(l)}=\{x_i^l\}$，对于彩色图像 $i=1, 2, 3$ 分别表示 R、G、B 三个通道。

（1）卷积层

卷积层作为特征提取器，用来自动提取图像的深层和抽象的特征，有效降低了传统特征提取过程中人的参与度。通常将该层卷积操作提取出的特征称为特征图（Feature map），第 l 层特征图通过以下方式计算得到。

$$x_j^l = \mathcal{F}_{\text{act}}\left(\sum_{i=1}^{N^{l-1}} (G_{i,j}^l \cdot (k_{i,j}^l \otimes x_i^{l-1}) + b_j^l)\right) \tag{2-2}$$

式（2-2）中，$\mathcal{F}_{\text{act}}(\cdot)$ 为激活函数，$G_{i,j}^l$ 表示其与 $l-1$ 层间的连接矩阵，$k_{i,j}^l$ 和 b_j^l 分别表示卷积核和偏移量。

卷积层的空间排列由卷积核的大小、深度、步幅（Stride）和补零（Zero padding）等因素共同决定。其中卷积核是在训练过程学习得到的，其大小包括宽度和高度，深度则取决于输入图像的深度；步幅用来度量卷积核从左往右或从上向下在图像上滑窗时像素点移动的距离大小；补零的目的是确保待处理图像矩阵的大小为卷积核大小的整数倍。通常输出特征图（Feature map）的大小由式（2-3）计算得到：

$$\begin{cases} H_{\text{out}} = \lfloor (H_{\text{in}} + 2P - H_{\text{kernel}}) / S \rfloor + 1 \\ W_{\text{out}} = \lfloor (W_{\text{in}} + 2P - W_{\text{kernel}}) / S \rfloor + 1 \end{cases} \tag{2-3}$$

其中 H_{out} 和 W_{out} 分别为输出的高与宽，H_{in} 和 W_{in} 分别为输入的长和宽，P 为填充值大小，H_{kernel} 和 W_{kernel} 分别表示卷积核的高与宽，S 则为步幅长度。

（2）激活层

鉴于激活层和卷积层间联系的紧密程度，也有的文献将卷积层和激活层通常合并在一起称为“卷积层”。激活层作为特征增强器，其针对当前层的线性输出，使用非线性激活函数计算神经元的活性值作为下一层的输入，旨在提高整个网络的非线性拟合和表征能力。

常见的 Sigmoid( )、Tanh( )等激活函数存在梯度的“饱和效应”，即当输入数据( )很大或者很小时，其导数均趋向于零，导致梯度不能正常传递。由于对梯度下降的收敛速度快且在正区间内有效降低了梯度饱和效应，整流线性单元（Rectified-linear unit, ReLU）[67]已成为目前卷积网络最为常用的激活函数，主要得益于其线性、非饱和的特性。由 ReLU 派生出的一系列如带泄露的整流线性单元（Leaky ReLU）、带参数的整流线性单元（Parametric ReLU, PReLU）[68]、指数线性单元（Exponential linear unit,

ELU）[69]、Funnel ReLU（FReLU）[70]、ReLU6[71]等改进激活函数也有较多应用。此外，以 Swish 为代表的激活函数的自动搜索技术近年来也引起了人们的普遍关注[72]；Mish[73]与 Swish 非常类似，因其具有低成本和平滑、非单调、有下界无上界等特点，已被广泛应用于诸如 YOLO v4[74]等主流检测器的骨干网络和检测头部中。表 2-1 归纳和总结了当前主流的激活函数，包括函数的表达式、一阶导数、取值范围以及单调性等。

表 2-1 典型激活函数一览表[75]

函数名称	表达式	一阶导数	取值范围	单调性
Sigmoid	$\frac{1}{1+e^{-x}}$	$\frac{e^{-x}}{(1+e^{-x})^2}$	$(-\infty,+\infty)$	是
双曲正切（Tanh）	$\frac{2}{1+e^{-2x}}-1$	$\frac{1}{\cosh^2 x}$	(-1,1)	是
ReLU	$\max(0,x)$	$\begin{cases}0, & \text{if } x\le 0\\ 1, & \text{if } x>0\end{cases}$	$[0,+\infty)$	是
带泄露的ReLU	$\max(0,x)+\alpha\min(0,x)$	$\begin{cases}1, & \text{if } x\ge 0\\ \alpha, & \text{if } x<0\end{cases}$	$(-\infty,+\infty)$	是
ReLU6	$\min[\max(0,x),6]$	$\begin{cases}0, & \text{if } x<0 \text{ 或 } x>6\\ 1, & \text{if } 0\le x\le 6\end{cases}$	$[0,6)$	是
ELU	$\max(0,x)+\min(0,\alpha(e^x-1))$	$\begin{cases}\alpha e^x, & \text{if } x<0\\ 1, & \text{if } x\ge 0\end{cases}$	$(-\alpha,+\infty)$	$\alpha\ge 1$ 时单调
SELU	$\gamma(\max(0,x)+\min(0,\alpha(e^x-1)))$	$\gamma\begin{cases}\alpha e^x, & \text{if } x<0\\ 1, & \text{if } x\ge 0\end{cases}$	$(-\gamma\alpha,+\infty)$	是
Swish	$\frac{x}{1+e^{-x}}$	$\frac{e^x(x+e^x+1)}{(e^x+1)^2}$	$(-0.2784,+\infty)$	否
Mish	$x\tanh[\log(1+e^x)]$	$\frac{e^x(4xe^x+4x+6e^x+4e^{2x}+e^{3x}+4)}{(2e^x+e^{2x}+2)^2}$	$(-0.3088,+\infty)$	否

（3）汇合层

汇合层通常又被称为池化（Pooling），其通过缩小空间维度进行信息汇集。汇合层作为特征压缩器，通常紧跟在激活层之后，其通过步长大于 1 的卷积或直接采样对输入的特征图进行下采样和抽象操作，在挖掘关键特征的同时有效降低了网络模型的复杂度。平均值汇合（Average pooling）和最大值汇合（Max pooling）是目前使用较多的汇合方式。此外空间金字塔汇合（SPP）对任意尺度的输入，均生成固定维度的输出用于后续的全连接层处理[71]，省略了裁剪和缩放等预处理操作，从源头上提高目标检测的精度。

（4）全连接层

CNN 网络结构的全连接层（Fully connected layer）作为分类器，用来合并卷积-汇合组合提取出的特征并映射至特定维度的标记空间，用以计算损失或直接给出预测结果。针对全连接层存在的过拟合问题，辛顿等人提出了著名的随机失活（Dropout）策略[76]，通过在训练时随机舍弃部分神经元，即只更新部分神经元来提高网络的泛化能力。因全连接层存在参数量过大等缺陷，文献[77]尝试使用全局平均汇合层（Global average pooling, GAP）取而代之，旨在通过降低模型的参数量来最小化过拟合效应，实验上也取得了较好的效果。

（5）输出层

输出层则面向具体的应用需求，诸如分类、回归任务等。图 2-2 中，将卷积神经网络作为分类器使用，故在输出层输出一个用以表示船舶所属类别的预测向量。对于逻辑回归的二分类问题，通常使用 Sigmoid 函数即可将输入的 $W*x + b$ 挤压到区间[0,1]内；而对于多分类问题，往往要使用 Softmax 函数给出输入样本所属类别的概率分布。

2.1.3 优化目标函数

判别式深度学习的优化目标函数通常又被称为损失函数（Loss function），用于指导模型的训练。如前文所述，判别式深度学习的核心思想是使用梯度下降类（典型的如动量法、随机梯度下降 SGD 等）优化算法，针对事先定义的损失目标函数，按照预先设定的学习率，搜索使其达到最小的网络权重和偏置参数。表 2-2 给出了判别式深度学习中主流的损失函数的定义及其表达式，以下分为检测、分割和重识别三种不同任务展开介绍。

（1）目标检测任务

检测任务通常同时涉及分类损失和位置回归损失[78]，其中分类损失用于对目标进行分类，特别是 Softmax 及其变种损失使用较为广泛，典型如交叉熵损失（Cross-entropy loss）；而回归损失用于对目标边界框的定位精度进行评估，典型的有平均绝对误差（MAE）、均方误差损失（MSE）、IOU 损失及其变种如 GIOU[74]等。

（2）图像分割任务

交叉熵损失函数同样在图像分割有着广泛的应用，为应对图像分割中细粒度要求，人们也提出了一些更为高级的损失函数[79]，如带权交叉熵损失、Focal loss、Dice loss 等。

（3）目标重识别任务

在完成目标分类的基础上，目标重识别任务要求拉近同类别同时推开不同的图像，对比损失也应运而生[80]，然后又相继派生出三元组损失（Triplet loss）[81]、难样本三元组损失[82]和四元组损失[83]等。

表 2-2 典型损失函数一览表

函数名称	表达式	类别	用途
交叉熵损失	$\mathcal{L}=-y\log\hat{y}-(1-y)\log(1-\hat{y})$	分类	检测、分割、重识别
MAE	$\mathcal{L}=\frac{1}{m}\sum_{i=1}^{m}\lvert(y_i-\hat{y}_i)\rvert$	回归	检测
MSE	$\mathcal{L}=\frac{1}{m}\sum_{i=1}^{m}(y_i-\hat{y}_i)^2$	回归	检测
IOU	$\mathcal{L}=1-\frac{\lvert A\cap B\rvert}{\lvert A\cup B\rvert}$	回归	检测、分割
GIOU	$\mathcal{L}=1-\frac{\lvert A\cap B\rvert}{\lvert A\cup B\rvert}+\frac{\lvert C\setminus(A\cup B)\rvert}{\lvert C\rvert}$	回归	检测、分割
带权交叉熵	$\mathcal{L}=-(\beta y\log\hat{y}+(1-y)\log(1-\hat{y}))$	分类	检测、分割
Focal loss	$\mathcal{L}=\begin{cases}-\alpha(1-\hat{y})^{\gamma}\log\hat{y}, & y=1\\ -(1-\alpha)\hat{y}^{\gamma}\log(1-\hat{y}), & y=0\end{cases}$	分类	分割
Dice loss	$\mathcal{L}=1-\frac{2\lvert A\cap B\rvert}{\lvert A\rvert+\lvert B\rvert}$	分类	分割
对比损失	$\mathcal{L}=yd_{a,b}^2+(1-y)(\alpha-d_{a,b})_+$	分类	重识别
三元组损失	$\mathcal{L}=(d_{a,p}-d_{a,n}+\alpha,0)_+$	分类	重识别
难样本三元组损失	$\mathcal{L}=\frac{1}{P\times K}\sum_{a\in \text{batch}}(\max_{p\in A}d_{a,p}-\min_{n\in B}d_{a,n}+\alpha)_+$	分类	重识别
四元组损失	$\mathcal{L}=(d_{a,p}-d_{a,n1}+\alpha)_++(d_{a,p}-d_{n1,n2}+\beta)_+$	分类	重识别

2.2 卷积神经网络骨干模型

2.2.1 深度网络优化模型

深度神经网络的核心优势在于，通过逐层的抽象和组合不断精炼提取到的特征，即更深的网络层能学习到更加复杂的表示，如第一层（低层）仅学习到类似于边缘的基础信息，第二层和第三层（中间层）学习到的特征逐渐呈现出少量的语义信息，而第四层开始学习到了目标的形状等较强的语义信息。早期的 CNN（如 AlexNet、LeNet、VGGNet 等）通常由卷积层、汇合层和全连接层组成，每层只能同其相邻的层连接，随着网络结构深度的增加愈加难以训练，并且存在梯度退化或爆炸的现象。早在 2012 年，Raiko 等人就已深入探索了捷径连接（Shortcut connection）对模型的影响[84]，也有部分文献将其称为"跳跃连接（Skip connection）"。受长-短周期记忆网络（LSTM）中的"门控单元"的启发，高速公路网络（Highway network）[85]引入了"门控捷径连接"的概念，即使用带参数的"门（Gate）"来控制捷径传递中原始信息量的保留比例。

下面以 Resnet→ResneXt→ResneSt 的技术演化路线展开介绍：

（1） ResNet

传统的链式结构网络在反向传播时存在不同程度的梯度消失现象，为解决此问题，何凯明等人在 2015 年提出的残差神经网络（Residual neural network, ResNet）[86, 87]中针对非线性的卷积层增加"跳跃连接（Shortcut connection"通道以快速传递损失的梯度，从而允许梯度向更浅的层反向传播。在 ImageNet 数据集上 ResNet 网络可训练的深度最高达 404 层[88]，其 Top-5 的错误率低至 5.26%。相比于 VGGNet 等网络，ResNet 具有网络层次深和参数量低等优点，因而特征提取效果也较为突出。总体而言，ResNet 模型的提出使得训练成千上百层的神经网络成为可能，其作为骨干（Backbone）网络广泛应用于目标分类、检测、分割等上游的计算机视觉任务中。ResNet 的基本结构和瓶颈型（Bottleneck）结构分别如图 2-4 所示。

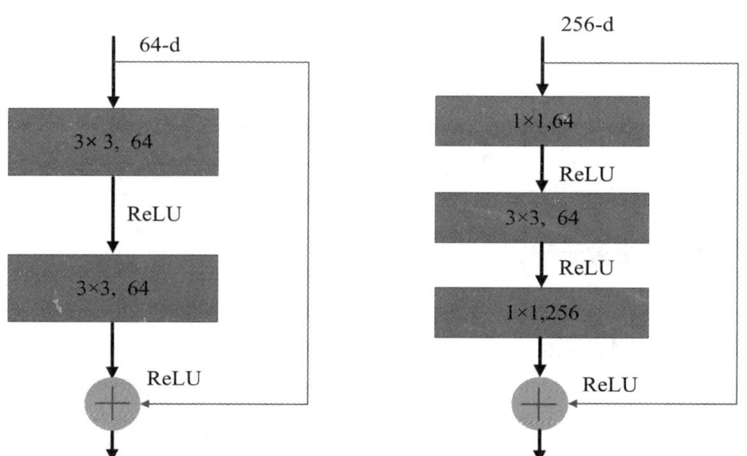

图 2-4 ResNet 基本结构和瓶颈型结构对比

图 2-4 中，在瓶颈型结构引入 1 × 1 卷积进行通道的降维和升维，使得瓶颈块结构呈现“两头宽、中间窄”的特点，在进行模型深度拓展的同时降低了参数量和计算量。表 2-2 分别给出了不同层数下的 ResNet 网络配置。

表 2-2 不同层数的 ResNet 网络配置

卷积层次	输出大小	18 层	34 层	50 层	101 层	152 层
conv1	112×112	7×7, 64, 步长为 2				
conv2_x	56×56	3×3，最大值汇合，步长为 2				
		$\begin{bmatrix}3\times3,64\\3\times3,64\end{bmatrix}\times2$	$\begin{bmatrix}3\times3,64\\3\times3,64\end{bmatrix}\times3$	$\begin{bmatrix}1\times1,64\\3\times3,64\\1\times1,256\end{bmatrix}\times3$	$\begin{bmatrix}1\times1,64\\3\times3,64\\1\times1,256\end{bmatrix}\times3$	$\begin{bmatrix}1\times1,64\\3\times3,64\\1\times1,256\end{bmatrix}\times3$
conv3_x	28×28	$\begin{bmatrix}3\times3,128\\3\times3,128\end{bmatrix}\times2$	$\begin{bmatrix}3\times3,128\\3\times3,128\end{bmatrix}\times4$	$\begin{bmatrix}1\times1,128\\3\times3,128\\1\times1,512\end{bmatrix}\times4$	$\begin{bmatrix}1\times1,128\\3\times3,128\\1\times1,512\end{bmatrix}\times4$	$\begin{bmatrix}1\times1,128\\3\times3,128\\1\times1,512\end{bmatrix}\times8$
conv4_x	14×14	$\begin{bmatrix}3\times3,256\\3\times3,256\end{bmatrix}\times2$	$\begin{bmatrix}3\times3,256\\3\times3,256\end{bmatrix}\times6$	$\begin{bmatrix}1\times1,256\\3\times3,256\\1\times1,1024\end{bmatrix}\times6$	$\begin{bmatrix}1\times1,256\\3\times3,256\\1\times1,1024\end{bmatrix}\times23$	$\begin{bmatrix}1\times1,256\\3\times3,256\\1\times1,1024\end{bmatrix}\times36$
conv5_x	7×7	$\begin{bmatrix}3\times3,512\\3\times3,512\end{bmatrix}\times2$	$\begin{bmatrix}3\times3,512\\3\times3,512\end{bmatrix}\times3$	$\begin{bmatrix}1\times1,512\\3\times3,512\\1\times1,2048\end{bmatrix}\times3$	$\begin{bmatrix}1\times1,512\\3\times3,512\\1\times1,2048\end{bmatrix}\times3$	$\begin{bmatrix}1\times1,512\\3\times3,512\\1\times1,2048\end{bmatrix}\times3$
	1×1	平均值汇合，1000 维全连接，Softmax				
FLOPs		1.8×10^9	3.6×10^9	3.8×10^9	7.6×10^9	11.3×10^9

（2） ResNeXt

ResNeXt[89]作为继承 Inception 的“网络加宽”思想的 ResNet 变种模型，将单路卷积转换为具有多个分支的多路卷积，方便进行分组卷积，其基本模块结构如表 2-3 所示。

表 2-3 ResNeXt-50 与 ResNet-50 网络结构对比

卷积层次	输出	ResNet-50	ResNeXt-50（32×4d）
conv1	112×112	7×7, 64, 步长 2	7×7, 64, 步长 2
conv2	56×56	3×3,最大汇合,步长 2	3×3,最大汇合,步长 2
		$\begin{bmatrix}1\times1,\ 64\\3\times3,\ 64\\1\times1,\ 256\end{bmatrix}\times3$	$\begin{bmatrix}1\times1,\ 128\\3\times3,\ 128, C=32\\1\times1,\ 256\end{bmatrix}\times3$
conv3	28×28	$\begin{bmatrix}1\times1,\ 128\\3\times3,\ 128\\1\times1,\ 512\end{bmatrix}\times4$	$\begin{bmatrix}1\times1,\ 256\\3\times3,\ 256, C=32\\1\times1,\ 512\end{bmatrix}\times4$

续表

卷积层次	输出	ResNet-50	ResNeXt-50（32×4d）
conv4	14×14	$\begin{bmatrix}1\times1, 256\\3\times3, 256\\1\times1, 1024\end{bmatrix}\times6$	$\begin{bmatrix}1\times1, 512\\3\times3, 512, C=32\\1\times1, 1024\end{bmatrix}\times6$
conv5	7×7	$\begin{bmatrix}1\times1, 512\\3\times3, 512\\1\times1, 2048\end{bmatrix}\times3$	$\begin{bmatrix}1\times1, 1024\\3\times3, 1024, C=32\\1\times1, 2048\end{bmatrix}\times3$
	1×1	全局平均值汇合，1000 维全连接，Softmax	全局平均值汇合，1000 维全连接，Softmax
参数量		25.5×10^6	25.0×10^6
FLOPs		4.1×10^9	4.2×10^9

ResNeXt 网络可以视为由多个单一模型重复堆叠而成，与 Inception 类似的是它们均遵循“拆分-转换-合并”的规则。如表 2-3 所示，ResNeXt 的网络结构包含了 32 个并行且重复的残差模块，即基数（Cardinality）为 32，但其参数量与标准的 ResNet 相比并没有明显增加，这主要归功于网络中使用的 1 × 1 卷积减少了输入通道数。

（3） ResNeSt

ResNeSt[90]通常又被称为“拆分注意网络（Split attention network, SAN）”，也是基于经典的 ResNet 瓶颈型结构改进而来。ResNeSt 通过引入分组的注意力机制，大幅度提高下游模型，如 Mask R-CNN，Cascade R-CNN 和 DeepLab v3 等模型的性能。

ResNeSt 网络借鉴了 ResNeXt 模型中提出的“神经元分组”思想，如图 2-5 所示，在 ResNeSt 的基本块（Split-attention block）中将特征图在通道维度上划分成不同的组（Groups），每组又被划分为更细粒度的子组（Splits），其中每个分组的特征表示由其所隶属的多个子组共同加权确定。

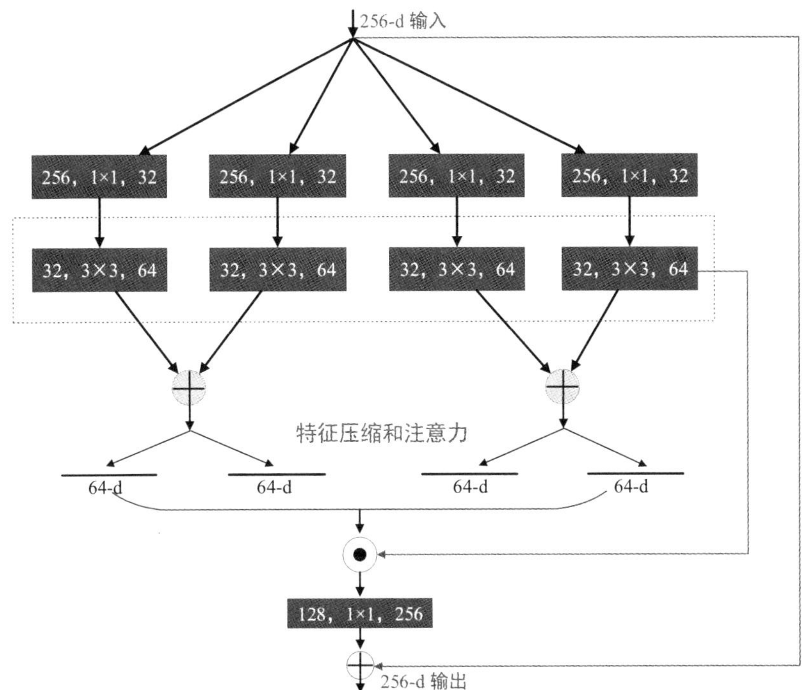

图 2-5 ResNeSt 基本块结构

2.2.2 宽度网络优化模型

CNN 的宽度即每层特征通道的数量，是影响模型性能的另一主要维度。目前拓展网络模型宽度的实现方法归纳为如下三种：一是通过调整通道数实现；二是采用多分支网络结构；三是引入通道补偿技术来实现。相比于深度网络模型，宽度模型的设计初衷是让模型的每一层学习到更加丰富的特征表示，典型的如不同方向和频率下的图像纹理特征。

（1）Inception

“Inception”的中文意为“更深刻的感知”。传统的 CNN 改进通常从增加网络的深度、宽度入手，在提升模型性能的同时也存在着的参数量大、容易过拟合和梯度消失等诸多弊端。2014 年 Google 提出的 Inception v1（又名 GoogLeNet）[91]，通过多分支加大网络宽度（各层特征通道数量）并用全局汇合代替全连接层，使得其参数量远小于前辈 VGGNet 模型，但精确度和速度均明显超过后者，并由此获得了 ImageNet 2014 比赛的冠军。Inception v1 模块的网络结构如图 2-6（a）所示，其在分别并行使用 1 ×

1、3 × 3 和 5 × 5 三个不同大小卷积核的卷积运算以及一个 3 × 3 的最大汇合操作后，进行通道拼接（级联）后输出给下一层。

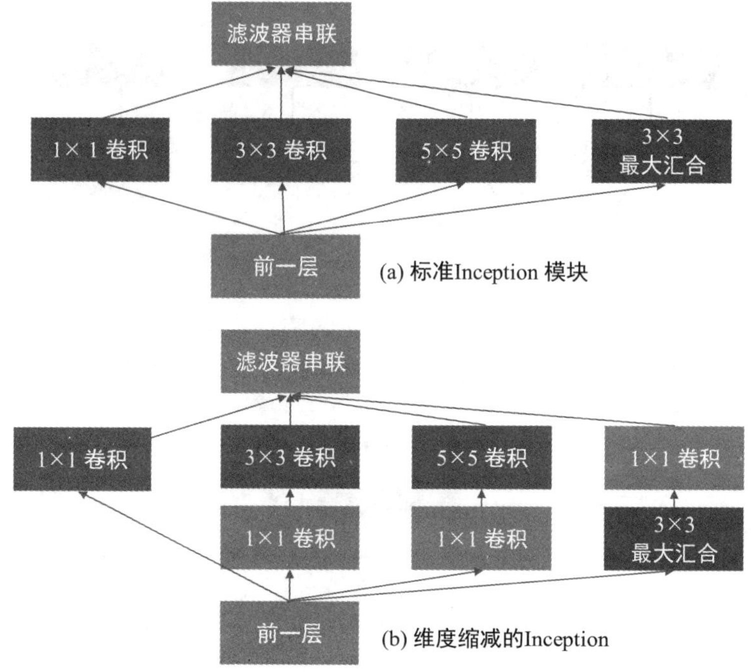

图 2-5 Inception v1 网络体系结构

图 2-6（b）在图 2-6（a）的基础上添加多个 1 × 1 卷积先将输入的特征图进行通道降维，然后进行相应卷积操作，进而降低网络参数量。相比于 VGGNet 的 19 层，Inception v1 拓展到了 22 层，但参数量只有前者的三分之一。2015 年 2 月的 Inception v2[92]在 v1 的基础上增加了批归一化（Batch normalization, BN）层，并将原有单一的 5×5 卷积核替换为两个 3 × 3 的卷积核，进一步降低了卷积参数量。同年 12 月提出的 Inception v3[93]在 v2 的基础上继续加深至 46 层，引入著名的“分解为更小卷积”的思想，通过小卷积核的叠加构建更深层级网络，典型的如将 $m \times m$ 卷积拆分成为一个 $1 \times m$ 和一个 $m \times 1$ 两部分；并将传统的随机梯度下降（Stochastic gradient descent, SGD）优化算法替换为均方根传递算法（RMSProp）。2016 年提出的 Inception v4[88]则将 Inception 与残差网络模型的恒等映射结合，有效消除了因层数加深而导致的梯度消失现象，两种模型优势互补进而在 Top-5 指标上取得较好的效果。

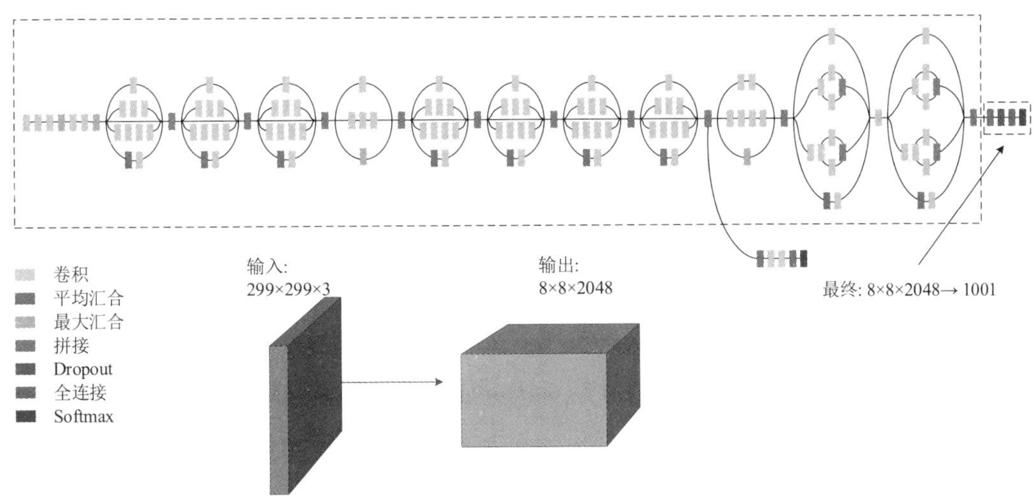

图 2-7 Inception v3 网络结构

图 2-7 中，Inception v3 网络模型的默认输入为三个通道，尺寸为 299 × 299。鉴于上述 ResNet 结构的优点，而 Inception 模块使用并行多分支进行多尺度特征融合，文献[94]融合了两者的各自优势，分别设计出 Inception-ResNet v1/v2 网络结构。

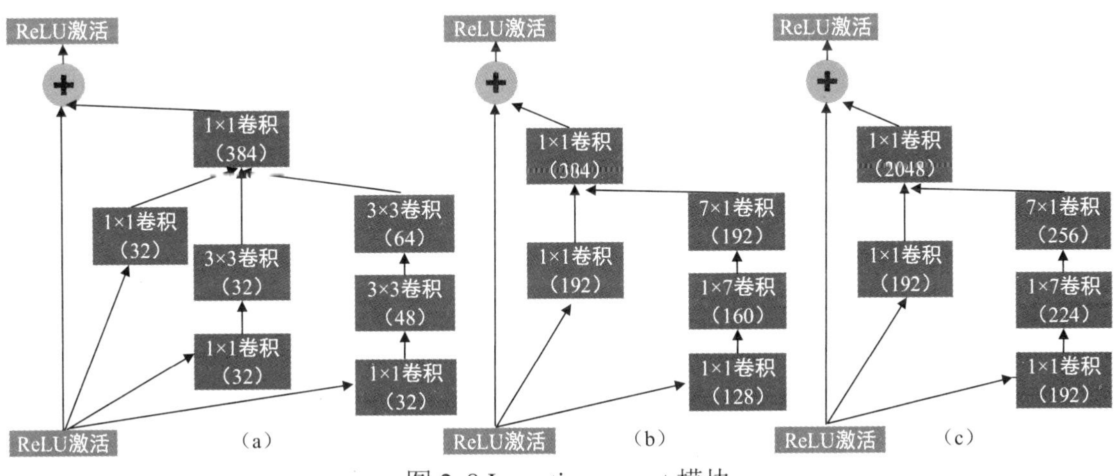

图 2-8 Inception-resnet 模块

图 2-8（a）~（c）分别给出了 Inception-ResNet-A、Inception-ResNet-B 和 Inception-ResNet-C 网络模型结构的展示。

（2）Xception

Xception[95]又被称为“极致的 Inception（eXtream Inception）”模块，其主体结构利用可分离卷积的思想，对 Inception 模块进一步改进，并引入残差连接单元（1 × 1 的跳层连接）支撑更深层次网络的训练。顾名思义，深度可分离卷积将图像的区域与通道特征分开考虑，先独立对各通道进行逐通道卷积（Depth-wise），然后使用逐点（Point-wise）的 1 × 1 卷积进行维度变换并实现多通道间特征融合，大幅度降低卷积的计算量（总的计算量仅为标准卷积的 1/9），并因此成功跻身于轻量化的网络结构行列。此外，Xception 对标准的可分离卷积进行了以下修改：先进行逐点的 1 × 1 卷积，然后再进行三个 3 × 3 的通道级别（Channel-wise）的空间卷积；与 Inception v3 相比，Xception 还为每个卷积取消了通常紧跟着的 ReLU 非线性激活操作。

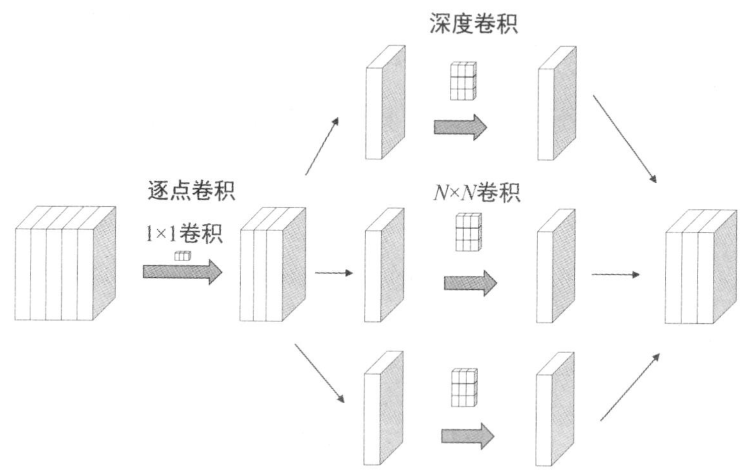

图 2-9 Xception 改进的可分离卷积结构

如图 2-9 所示，在 Xception 模块中先进行 1 × 1 卷积，紧接着独立对每个通道做 3 × 3 的卷积，最大限度弱化通道间的相互影响。与 Inceptionv3 相比，Xception 将前者的并行式分组更改为串行式分组，“极致”地对每一个通道都使用一个 1 × 1 的卷积，总的来说，就是在通道上分而治之，然后再进行整合，此处与前文的深度可分离卷积过程恰好相反。Xception 模块的结构组成如图 2-10 所示。

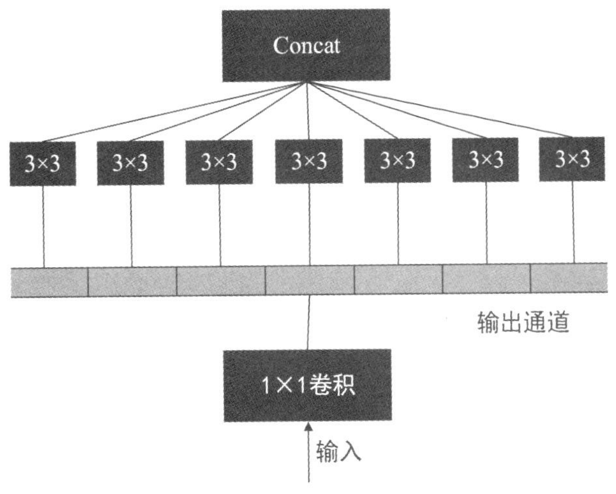

图 2-10 Xception 模块结构图

2.2.3 复合缩放模型

如前文所述，传统方法通常在包括网络宽度（Width）（又被称为通道数）、网络深度（Depth）、输入分辨率（Resolution）三个维度上进行网络扩展。2019 年 Tan 等人提出一种新的模型缩放方法[96]，搜索出一组复合系数对上述三个维度进行统一缩放，并通过实验表明该方法生成的模型具备极高的参数效率和速度。

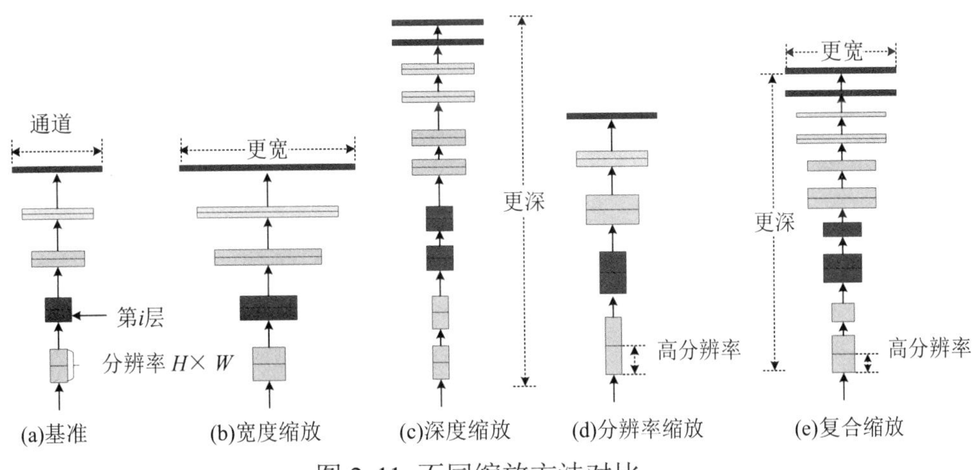

图 2-11 不同缩放方法对比

图 2-11（b）～（d）展示的传统缩放方法分别针对宽度、深度和分辨率维度的模型进行缩放；图 2-11（e）为新提出的复合缩放方法，同时扩展了模型的三个维度。基准网络 EfficientNet-B0 是使用移动端的 AutoML 模型 MnasNet 搜索得到，而 EfficientNet-B1～B7 则是在基准网络 EfficientNet-B0 的基础上扩展得到。值得一提的

是，EfficientNet-B7 在 ImageNet 数据集上获得了迄今最为先进的 Top-1 和 Top-5 准确率，其推断速度是同时期性能最优的卷积神经网络模型（GPipe）的 6 倍多，而模型的参数量仅为后者的九分之一。

2.2.4 全卷积网络

如 2.2.1 小节中所述，特征分类器中使用的全连接层将三维图像（H×W×C, C 为通道数）拉平成一维数据，损失了大量的空间信息，这对图像分割任务而言十分不利。文献[97] 首次提出通过全卷积网络（FCN）在像素级别（Pixel-wise）构建语义特征模型，作为该领域的开山之作并取得了显著的效果，后续大量语义分割工作均基于 FCN 展开。顾名思义，全卷积网络不再使用全连接层，取而代之的是支持上采样的反卷积层，输出的是一种空间域的映射而非简单输出类别的概率，最终实现像素级别的分类。典型的 FCN 结构如图 2-12 所示。

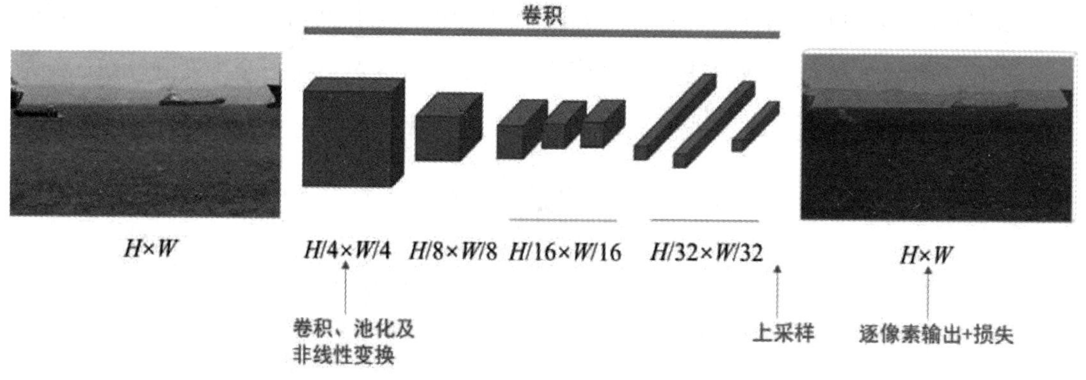

图 2-12 全卷积（FCN）网络结构

针对目标检测应用场景，Dai 等人[98]在经典的两阶段的 Faster R-CNN 框架中，将 ROI 汇合层后的全连接层删除，并提出一种基于区域的全卷积网络（Region-based FCN, R-FCN）以实现网络的共享计算，R-FCN 的总体框架如图 2-13 所示。

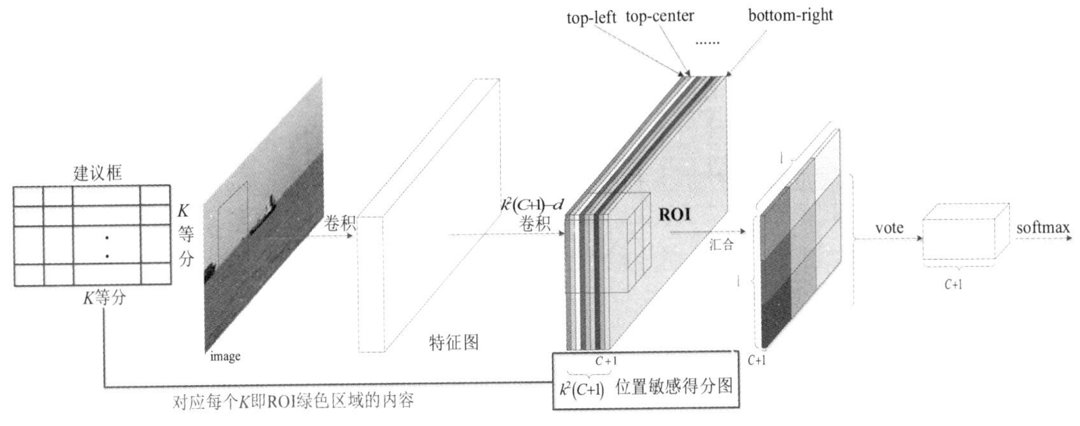

图 2-13 R-FCN 的网络结构图

在图 2-13 中，继承 FCN 的思想，R-FCN 在相应的特征图上进行 1 × 1 卷积，计算得到位置敏感分数图，其通道数为（k^2）×（C+1），其中 C 代表目标类别，1 则表示背景类别。

2.3 视觉感知中的多尺度解决方案

如前文所述，传统卷积神经网络通常采用的是自上而下的单向结构。对于大尺度的目标而言，其语义信息通常蕴含在较深层的特征图中；而对于小尺度目标，往往更容易在浅层的特征图中检出，随着网络的加深，其细节信息逐渐弱化甚至完全消失。对于海面场景的检测任务而言，弱小目标（Dim and small）（严格起见，本书定义尺寸小于 16 × 16 像素或者占原图像宽高比例小于 1/20 的为小目标）的及时发现尤为重要，因此也要求网络模型对不同尺度的目标具有高的鲁棒性。严格来说，前文介绍的汇合操作、不同尺寸卷积核的选用均对模型的多尺度性能有着不同程度的影响。以下从特征提取层面详细讨论影响网络多尺度性能的多种因素。

2.3.1 空洞卷积

空洞卷积（Atrous convolution）[12]，有时又称为带孔卷积，是在标准卷积的基础上，增大各卷积像素间的距离间隔，通常将此间距称为膨胀率（Rate），另一称呼“膨胀卷积”也因此得名。

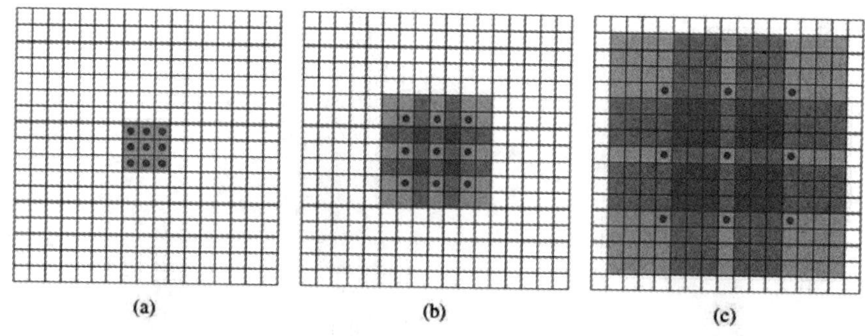

图 2-14 空洞卷积示意图

图 2-14（a）表示的是正常卷积，膨胀率 Rate=1；图 2-14（b）和图 2-14（c）则分别表示 Rate=2 和 Rate=4 时的卷积。引入空洞卷积的好处是显著扩大了模型的感受野，但并没有新增额外的计算量，图 2-14 给出引入空洞卷积后感受野直观变化的展示，即由图 2-14（a）的 3×3 分别增加到图 2-14（b）的 7×7 和图 2-14（c）的 15×15。

2.3.2 多尺度特征融合

（1）特征金字塔（FPN）

在 2017 年脸谱网（Facebook）提出的特征金字塔（Feature pyramid network, FPN）网络[99]中，将高层特征与相邻的低层特征叠加，进行多尺度的特征融合和预测。

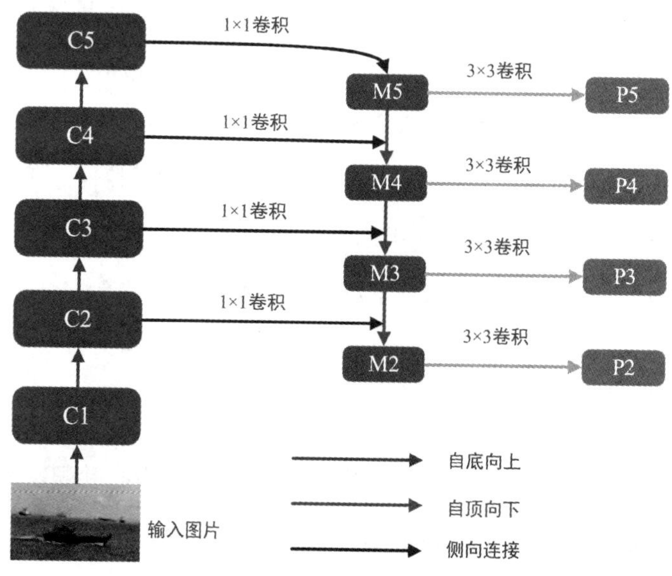

图 2-15 特征金字塔网络结构图

如图 2-15 所示，FPN 的结构从左到右依次分为自下而上、横向连接、自上而下和卷积融合四个部分，其中自上而下网络使用“单位加”（逐元素相加）操作更新特征，这种“单位加”操作通常称为“横向连接”。由于使用了单位加，要求 P2，P3，P4，P5 应具有相同数量的特征图（Feature map），因此在 FPN 中使用 1×1 卷积进行维度统一。在特征图更新完成之后，FPN 在 P2，P3，P4，P5 之后均附加一个 3×3 的卷积操作，旨在缓解上采样（Up sampling）导致的混叠效应（Aliasing effect）。

（2）路径聚合网络

如图 2-16 所示，路径聚合网络（Path aggregation network, PANet）[100]在前一小节 FPN 的基础上添加一个“自下而上”方向维度的特征增强，即将低层的特征添加至高层，使得高层特征也能共享到低层特征所拥有的丰富细节信息，显著提升针对大尺寸目标的检测和掩模效果。

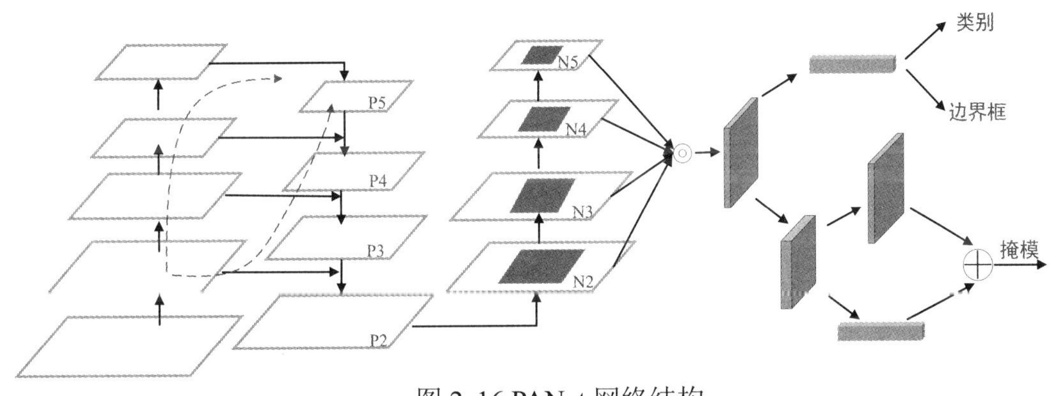

图 2-16 PANet 网络结构

（3）基于自动结构搜索的 FPN 网络（NAS-FPN）

近年来兴起的自动机器学习（AutoML）技术通过搜索和强化学习来定制高质量的神经网络结构[101]，逐步实现学习过程中的特征提取、模型选择和参数调节等步骤的自动化。2016 年，Zoph 等人提出一种在事先构建的搜索空间中，使用控制器为目标模型选择最佳网络架构的方法[102]，并将其命名为“神经网络结构搜索”（Neural architecture search, NAS）。NAS 控制器模块通常使用 RNN 选择构造块，其训练通过强化学习完成，奖励信号则为设计出的目标架构在开发集上测试的准确度。为自动设计出一个最佳的 FPN 网络结构，Ghiasi 等人首次提出使用 NAS 构建自适应的 FPN 进行目标检测的方法[103]，并称其为 NAS-FPN，其网络结构如图 2－17 所示。基于经典的 AmoebaNet 骨架[104]，NAS-FPN 在 COCO test-dev 数据集上的平均精确度（AP）达到 48.3，超出传统 Mask R-CNN 的 3.1 个百分点，并且花费时间更少。

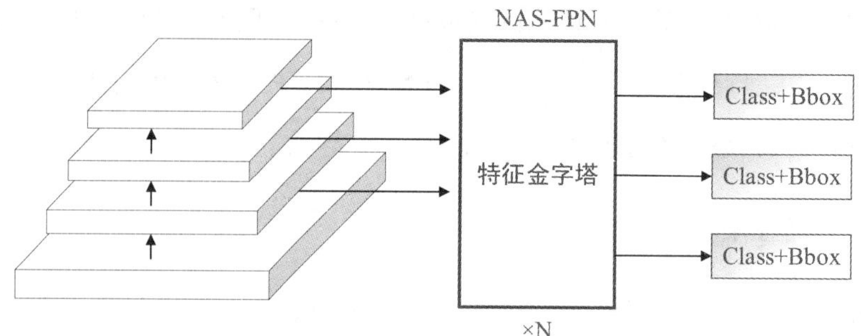

图 2-17 基于 NAS-FPN 的 RetinaNet 框架

2.3.3 可变形卷积

为应对二维图像空间中目标可能发生的几何形变，Dai 等人提出可变形卷积（Deformable convolution, DC）[105]的概念。可变形卷积网络（DCN）的卷积核采用非规则的采样，即不再是标准的正方形，而是形状可变的，这是通过在常规卷积核的各分量上增加偏移量实现的，即可变形卷积层；此外，该文作者还在 ROI 汇合层中增加对偏移量 Δx 和 Δy 的学习，生成可变形目标潜在区域汇合层；通过上述两个模块的引入，使得卷积神经网络具有灵活的感受野，并逐渐获得自动适应形变目标的特征表达能力，进而显著提升物体检测和分割的精度。图 2-18 给出了一个典型可变形卷积的执行示意图。

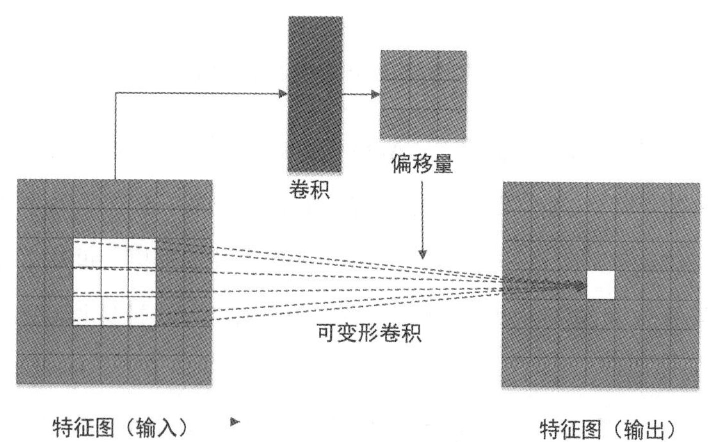

图 2-18 3 × 3 可变形卷积操作示意图

2019 年 Dai 团队又提出了改进版本 DCNv2[106]，为具备更强的形变学习能力，DCNv2 主要在以下两方面分别做改进：一是增加了可变形卷积的层数；二是在 DC 模块中引入调制机制，从而具备对习得权重进行调节的能力。

2.3.4 非局部卷积

本章 2.3.1 小节中的带孔卷积和 2.3.3 小节中的可变形卷积都可以扩大卷积核的感受野，但都被限制在局部范围内，存在较大的局限性。Wang 等人[107]提出的非局部（Non-local）卷积提供了全局的感受野，笔者受非局部均值滤波算法的启发，引入了残差连接并提出一种非局部卷积模型，有效避免了 CNN 网络逐层增加感受野带来的计算和感知效率不高的缺陷。

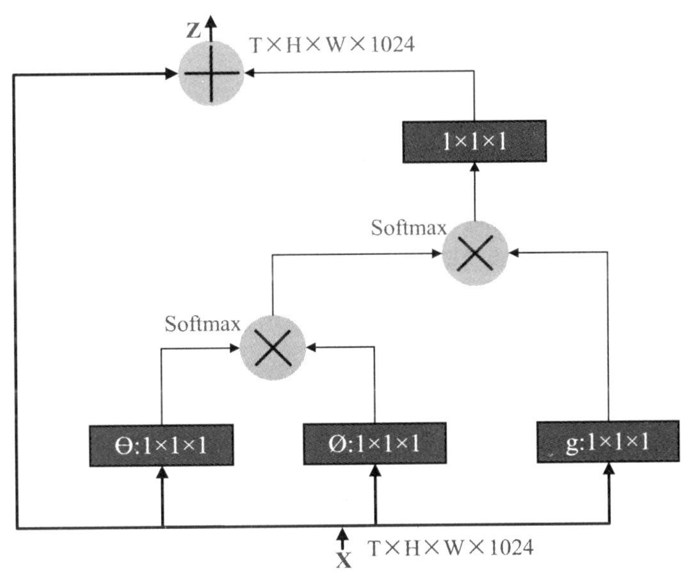

图 2-19 非局部块网络结构

如图 2-19 所示，对于输入为 T×H×W×1024 四维张量的特征图 X，首先通过 1 × 1 × 1 卷积，将通道维数缩减至 512，并得到 θ、Ø、g 特征；各自进行维度变换，将 θ 和 Ø 进行矩阵乘法操作，得到协方差矩阵，并经过 Softmax 激活函数，得到权重系数；权重系数与另一路特征矩阵 g 进行特征图残差的拼接（Concate）运算，最后得到与输入维度一致的特征图 Z 作为输出。

2.4 视觉感知中的时序模型和注意力机制

2.4.1 长短期记忆神经网络

作为传统循环神经网络（RNN）的改进版本之一，1997 年 Hochreiter 等人提出的长短周期记忆（LSTM）神经网络[108]与前者一致也是图灵完备的，即理论上 LSTM 能够模拟出计算机上可执行的任意程序。在具有简单的短期记忆功能 RNN 的基础上，LSTM 向神经元添加记忆细胞来获取长期记忆，并引入门控机制（Gating mechanism）来调节传递至下一阶段信息的比例，分别为输入门（Input gate）$-i(t)$ 、遗忘门（Forget gate）$-f(t)$ 和输出门（Output gate）$-o(t)$，三类门分别定义如下：

$$\begin{cases} i(t) = \text{sigmoid}(w_{xh}^{i}x_t + w_{hh}^{i}h_{t-1}) \\ f(t) = \text{sigmoid}(w_{xh}^{f}x_t + w_{hh}^{f}h_{t-1}) \\ o(t) = \text{sigmoid}(w_{xh}^{o}x_t + w_{hh}^{o}h_{t-1}) \end{cases} \tag{2-4}$$

其中 $w_{xh}^{(\cdot)}$ 为各门的权重矩阵，x_t 表示当前输入，h_{t-1} 为上一状态的输入。从式（2-4）可以直观看出，三类门的输入均和 h_{t-1}、x_t 相关，且均使用 Sigmoid 函数生成一个 0~1 区间的数值，分别用来控制保留、舍弃和输出信息的比例。

另一类目前同样广泛使用的门控循环单元网络（GRU）[109]，是在 LSTM 基础结构上简化而来，图 2-20 给出 RNN、LSTM 和 GRU 内部结构的简单对比，其中 GRU 的详细描述参见文第五章。

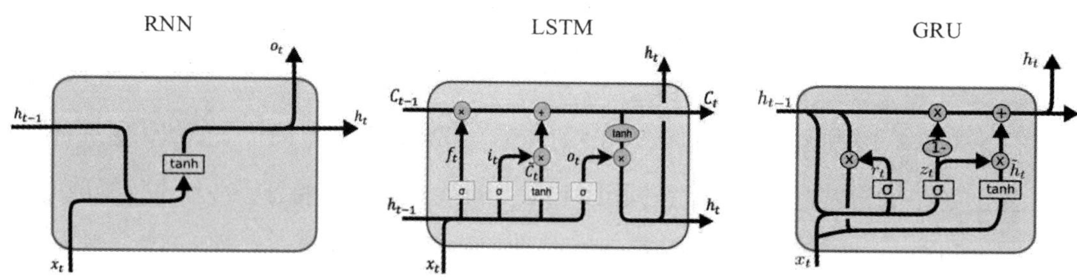

图 2-20 RNN、LSTM 和 GRU 结构对比图

2.4.2 注意力机制

注意力（Attention）可以理解为一种资源的重分配机制。事实上，对于视觉感知任务而言，不是整幅图像所有区域对任务的贡献都是相同的，因此需要通过注意力机制寻找目标物体的某些重要区域或特征。根据注意力模型参数是否可微分，将注意力机制分为柔性注意力（Soft-attention）和硬注意力（Hard-attention）两大类：硬注意力在输入向量选择时存在着离散的硬性决定，是不可微的，通常依赖启发式搜索算法进行优化；而柔性注意力通过加权平均的方式对输入向量进行聚合得到 attention 值，属于可微的注意力，因而可以使用梯度下降类方法进行优化，并在前向、反向传播中学习获得相应的注意力权重。以下将柔性注意力按模型结构分为自注意力、空间注意力、通道注意力和混合注意力来重点分析。

（1） 自注意力

自注意力（Self-attention）是柔性注意力的一种，用来聚焦源端、目的端各自序列内部的上下文依赖关系。本章 2.3.4 小节介绍的非局部卷积使用自注意力机制构建远程依赖，因此被普遍认为是计算机视觉领域注意力机制的开山之作。Shen 等人提出一个高效的全局自注意力模块（Global self-attention, GSA）[110]，其融合了并行的内容注意力层和位置注意力层作为输出结果，在主流数据集上习得模型的参数更少、精度更高。

（2） 空间注意力

CNN 网络结构本身或通过数据增强使得其对于待处理目标的平移、旋转和缩放具有一定的不变性，典型的如汇合操作、感受野的控制均可以缓解模型因图像中目标的尺度改变、位移变化的敏感性，上述不变性是网络通过隐式学习得到的。文献[111]提出一种新颖的空间变换网络（Spatial transform network, STN），其首先在图像输入进网络之前“显式”地学习仿射变换，然后进行采样，以此提升网络的性能。

（3） 通道注意力

输入卷积神经网络的 R、G、B 三通道彩色图像，在卷积过程中每个通道经过一定数目的卷积核后生成同等数目的新通道矩阵，典型的如（H, W, 32）。每个通道的特征表示了该图像在不同卷积核上的分量，故可以通过其权重来度量每个通道对关键信息的贡献度。获得 2017 年 ImageNet 图像分类比赛冠军的压缩和激励网络（Sequeeze and excitation network, SENet）[112]是典型的通道注意力模型，其中提出了如图 2-21 所示的 SE 模块。

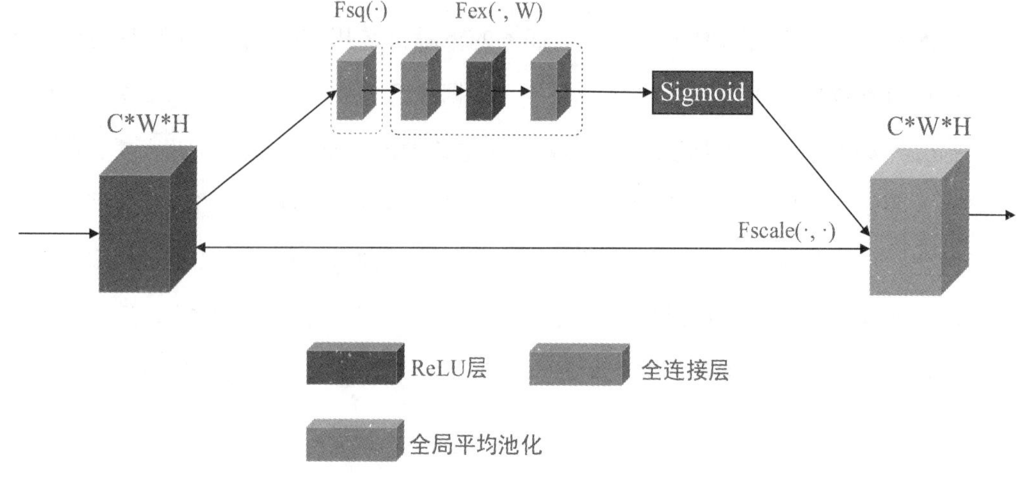

图 2-21 SE 模块网络结构

在 SE 模块中，首先进行压缩（Squeeze，对应图 2−21 中的 $F_{sq}(\cdot)$）操作将每个通道信息压缩为标量，其间使用全局平均汇合确保特征通道维数恒定；然后进行激励（Excitation，对应图 2-21 中的 Fex(·)）操作，通过参数 W 重新定义每个通道的重要性，即针对不同的任务确定每个通道需要增强还是弱化。SENet 以牺牲少量计算量作为代价，换取了较大的性能提升。此外，Li 等人也借鉴此处“通道加权”的思想，并和前文介绍的 Inception 多分支网络结构相结合，提出了 SKNet[113]。

在 2020 年的欧洲计算机视觉大会（ECCV）上 Qurder 等人从权重角度入手提出了一种基于权重激励（Weight excitation, WE）的注意力机制，该方法仅在训练阶段起作用，并未改变推断阶段的网络结构，也没有增加任何的计算量消耗，但取得了媲美 SE 的效果。此外，WE 还可以和 SE 模块协同工作，进一步地提升性能[114]。

（4） 混合注意力

混合注意力模型同时使用前面（2）和（3）介绍的空间注意力和通道注意力，根据两者的组合方式，Woo 等人先后提出了串行结构的 CBAM[115]、并行相加融合的 BAM[116]。在前文章节的描述中，对残差网络和注意力机制的有效性均给出了充分的展示，在文献[117]中，Wang 等人将两者结合起来，提出了残差注意力网络，并分别与只采用空间信息和只采用通道信息方式进行对比，得出“空间+通道”注意力组合后效果最优的结论。

2.5 本章小结

本章对海洋环境下的航行态势视觉感知，特别是海面场景解析（船舶以及其他障碍物检测和分割）、船舶目标重识别和周围船只检测后跟踪等研究领域所涉及的深度学习以及计算机视觉技术基础知识进行了全面的梳理。首先介绍了判别式深度学习中重要的模型结构——卷积神经网络；接着介绍了主流的 CNN 网络骨干模型；然后归纳和分析了视觉感知中的多尺度问题的解决方案；最后简要介绍了视觉感知中的时间序列模型以及注意力机制。

第三章 基于全景分割的海面场景解析

自动地实时感知并解析海面场景是海上集成监视和无人船实现自主航行的关键任务之一。针对复杂的海洋环境对海面全场景解析的挑战，本章提出一个可以端到端训练的、多任务级联的全景分割框架。该框架中语义分割和实例分割使用共享的特征提取和融合网络（骨干网络+颈部网络）；其中语义分割分支基于 Res2Net 和改进的 FPN 实现；实例分割分支则在最新的 YOLO 检测器上添加 Mask 分支实现，并嵌入瓶颈注意力模块；针对语义分割和实例分割分支可能存在的预测冲突问题，最后提出一个基于 Dezert-Smarandache 理论（DSmT）的全景融合头部（Head）。此外，本章构建了目前学术界和工业界首个海面场景解析数据集 MarPS-1395，该数据集标注完备，填补了该领域全景分割数据集缺失的空白。在公开的微软的 Common Objects in Context（以下简称 MS COCO）全景分割数据集和自建的 MarPS-1395 数据集上的实验结果表明，本章提出的方法兼顾了全景分割中目标检测和分类、实例分割和语义分割等多任务执行的实时性和准确度（即在速度和精度之间做出较好的平衡），并且能够有效地检测复杂海面场景下的弱小目标。

3.1 引　言

近年来水上智能交通系统的发展对无人船的自主水平提出了更高的要求，复杂海面场景（Complex maritime scenes）下的智能环境感知和自主避碰是无人船自主航行实现的关键。随着深度学习的广泛应用，尤其是卷积神经网络最近有了长足的进步，基于计算机视觉的环境感知技术受到学术界和工业界的普遍关注。图像分割作为当前深度学习背景下计算机视觉的基础任务之一，近年来其被广泛应用于地面车辆自动驾驶、医学影像分析等任务中。图像分割就是把图像分成若干个特定的、具有独特性质的区域并提取出感兴趣目标的技术和过程，通常分为语义分割和实例分割两类：语义分割（Semantic segmentation, SS）对图像中的所有前景和背景的像素进行分类，但不区分具体目标，且仅做像素级别的分类；实例分割（Instance segmentation, IS）则在对图像中的多个目标进行像素级别分类的基础上，进一步区分出隶属于同一类别的不同目标实例。

为了实现在任务和架构层面将语义分割和实例分割进行统一，2018 年 Kirillov 等人首次提出全景分割（Panoptic segmentation, PS）的概念[118]。PS 定义了一种统一的解决传统语义分割和实例分割的框架，即通过预测图片中的每个像素的语义标签和实例 ID，实现相应场景下所有物体的全覆盖。本章将海面场景下的物体分为不可数的 Stuff（如海面、天空、岛屿等）和可数的 Things（如目标船舶、浮标、其它障碍物等）。图 3-1 给出了实例分割、语义分割和全景分割三者的对比，其中图片来源于本章后文自行构建的 MarPS-1395 数据集。

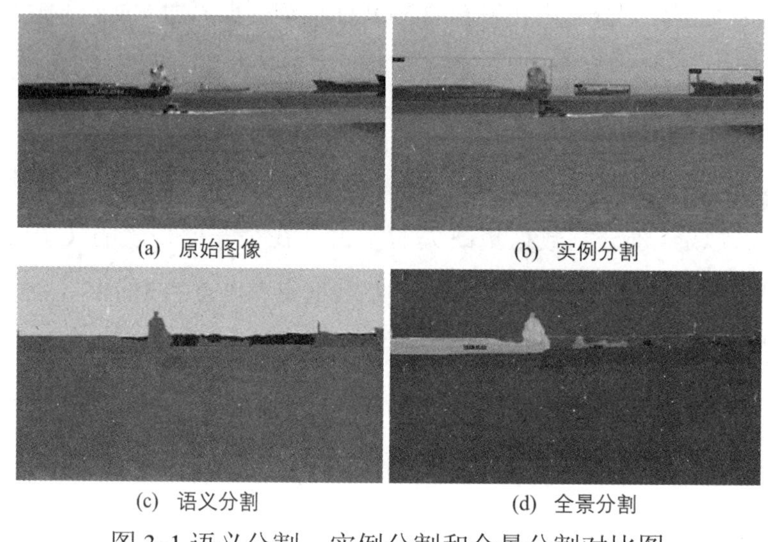

(a) 原始图像　(b) 实例分割　(c) 语义分割　(d) 全景分割

图 3-1 语义分割、实例分割和全景分割对比图

据本书作者所知，使用全景分割进行海面场景理解目前尚未见公开报告的成果。本章主要贡献如下：

（1）首次提出一个面向海面场景理解的全景分割框架，该框架具有端到端训练和推断的能力，特别是所提出的实例分割，在先进的单阶段（One-stage）目标检测器的基础上，增加额外的掩模预测分支，并在其中嵌入一个轻量化的注意力模块；

（2）在全景融合 Head 中，针对语义分割和实例分割分支给出的像素分类可能存在的高冲突问题，在最后的融合阶段引入 Dezert-Smarandache 理论（DSmT）进行辅助决策；

（3）基于新加坡海事数据集（Singapore maritime dataset, SMD），构建并详细标注了一个海面场景下的全景分割数据集 MarPS-1395，据本书作者所知该数据集为本领域首个对海面全场景逐像素进行标注的数据集。

本章的结构组织如下：3.1 节给出海面全场景分割的基础知识并总结本章的创新点；3.2 节综述了语义分割、实例分割和全景分割在相关研究领域的研究进展；3.3 节具体介绍本章提出全景分割方法；3.4 节详细介绍了 MarPS-1395 全景标注数据集的构建过程；3.5 节描述本章方法在公开和自建数据集上的实验配置（Experimental setup）以及结果分析。

3.2 深度学习背景下的图像分割技术

伴随着深度学习在计算机视觉领域取得的巨大成功，图像分割领域也逐渐引入了深度学习技术。以下分别回顾深度学习在语义分割、实例分割和全景分割方面的进展。

3.2.1 语义分割

Long 等人于 2015 年结合上采样和下采样提出了具有里程碑意义的编码-解码器模型[97]，实现了端到端的语义分割，其在上采样通过转置卷积而没有使用传统的全连接操作，因此这种模型又被称为全卷积网络（Fully convolutional networks, FCN）。U-Net[10]在 FCN 的基础上进行多尺度改进，在超大规模的医学图像数据集上取得了较好的效果。金字塔场景解析网络（PSPNet）[11]同时采用上下文和局部信息来做预测，并融合不同尺度汇合（Pooling）得到的多尺度特征。SegNet[119]在下采样前采集并存储边缘轮廓信息，即在最大汇合（Max-pooling）时记录索引位置和最大值，然后在上采样时再将索引位置映射回去。当前较为先进的语义分割模型 Deeplab v3+[12]在 FCN 的基础上引入空洞卷积来代替汇合操作，其在保留图像细节和位置信息的前提下扩大感受野，并引入空洞空间金字塔汇合（ASPP）来捕获图像的上下文信息。

3.2.2 实例分割

Mask R-CNN 是何凯明等人在实例分割领域提出的开创性工作[120]，其在经典的 Faster R-CNN 检测器上为每个目标潜在区域（ROI）构造一个用于语义分割的掩模（Mask），辅以基于线性插值的 ROI 对齐层，最终有效提升了像素级目标检测的精度。YOLACT/ YOLACT++[121]基于类似 RetinaNet 的目标检测器，提出了一个单阶段实时实例分割方法，其在生成原型 Mask 的同时预测各个实例的 Mask 系数，并通过线性组合为它们生成最终的实例 Mask。CenterMask[122]在单阶段无锚框（Anchor-free）的 FCOS 检测器基础上添加空间注意力引导（SAG）的 Mask 模块实现实例分割的功能。SOLO/v2[123]将实例分割视为分类问题来解决，即使用分类（Category）和掩模（Mask）两个分支，对特征图上的每个网格（Grid）同时预测该位置有什么物体以及该物体的位置和轮廓（x offset, y offset, w, h）等。BlendMask[124]同样在 FCOS 检测器的基础上引入注意力机制进行实例分割，并融合特征金字塔网络（Pyramid feature network, FPN）中高层的语义信息和低层的细节信息，进一步提升实例分割的精度。

3.2.3 全景分割

继语义分割和实例分割之后，全景分割将它们合二为一并成为场景理解领域新的研究热点，其针对图像的每个像素同时给出类别标签和相应的实例 ID 预测（stuff 类别除外）。根据全景分割中的实例分割是基于检测还是基于分割展开，将其相应划分为自上而下（Top-down，又称为 Detect-then-segment）和自底向上（Bottom-up）两类：自上而下类方法通常在现有主流的实例分割框架（如 Mask R-CNN、CenterMask[122] 等）上添加语义分割头部实现；而自底向上类方法则先进行语义分割，然后在逐像素分类的基础上将具有相同类别、隶属于同一实例的像素点进行聚类，进而实现实例分割的功能[125]。UPSNet[126]将基于可变形卷积及特征金字塔的语义分割和标准的 Mask R-CNN 结合，实现了一个支持端到端训练的全景分割框架，并尝试缓解因语义和实例分割冲突导致的对各自分割效果的相互影响。如前文所述，在 Kirillov 等人提出的全景分割概念中，不但统一了 stuff 和 thing 的分割流程，给出一致的全景输出格式，此外还提出统一的全景分割评价标准 PQ（Panoptic quality）[118]。作为一种自底向上的全景分割方法，Panoptic Deeplab[127]的语义分割分支采用 Deeplabv3，实例分割分支则使用了类别无关（Class-agnostic）分割方法。Panoptic-FPN[125]通过简单的将 FPN 输出的所有特征图相加为一层，然后上采样至原图分辨率实现语义分割，并与 Mask R-CNN 实例分割分支结合实现全景分割，与本章方法类似，其骨干以及颈部网络中的 ResNet 及 FPN 是语义分支和实例分支所共享的。

3.3 端到端架构的全景分割方法

对于输入的每帧图像，本章提出一个可以端到端训练的全景分割框架，用以同时执行目标检测、实例分割和语义分割三个任务，多任务协同最后给出统一的逐像素分类结果。本节将详细介绍该框架的网络架构及具体的实现细节。

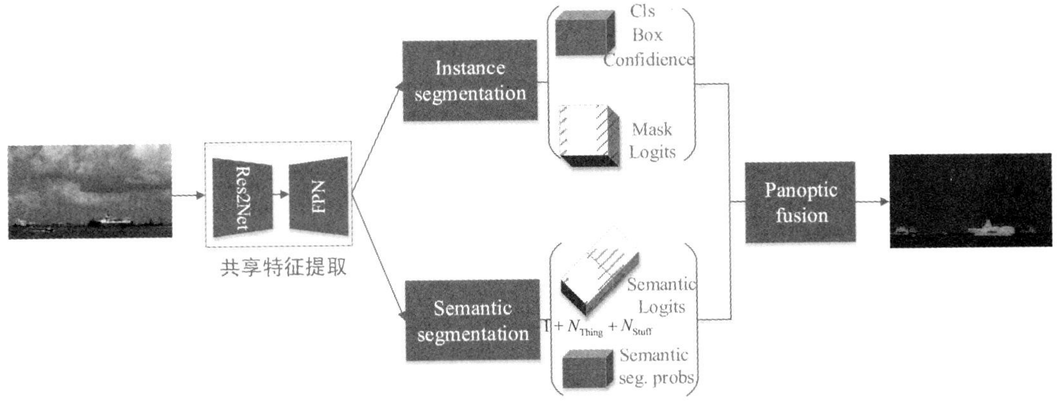

图 3-2 海面场景的全景分割总体框架

如图 3-2 所示，本章采用 Res2Net 作为骨干网络（Backbone），进行特征提取；使用 FPN 作为颈部网络（Neck），进行特征融合；并分别定义了语义分割、实例分割和全景融合分支的头部结构（Head）。为应对可能存在的语义分割和实例分割的冲突，本章在全景融合头部结构中提出基于 DSmT 理论的融合方法。

3.3.1 共享的 Res2Net-FPN 网络结构

本章提出的海面场景全景分割框架的特征提取和多尺度融合网络 Res2Net-FPN 是语义分割和实例分割两个分支所共享的，目的在于减少模型训练和推理对计算资源的消耗。

（1） 骨干网络——Res2Net

对于通用的卷积神经网络而言，在执行多尺度检测或分割任务时，大尺寸的目标语义信息通常出现在深层的特征图中，而弱小目标则通常出现在较浅层的特征图中。因此人们相继提出具有先验信息的锚框（Anchors）、特征融合、降低下采样率以及空洞卷积等方法来解决多尺度问题。Res2Net[128]是 Cheng 等人为应对多尺度问题提出的全新解决方案，其另辟蹊径在给定的残差块内引入分层的、层叠的特征组（又称为

“Scale”），替换掉常规的单个 3 × 3 卷积核，实现了块内多尺度。典型的 Res2Net 结构如图 3-3 所示。

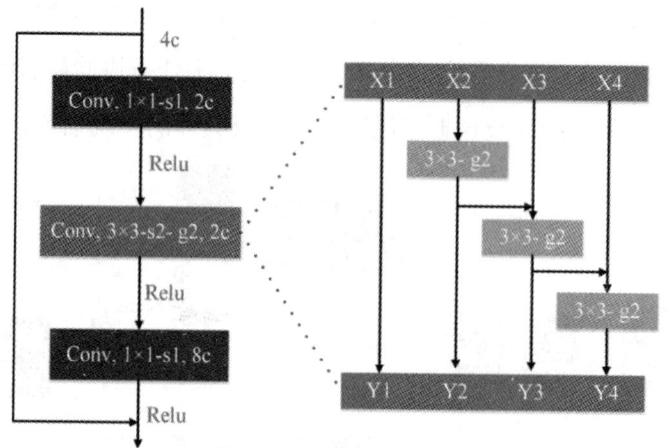

图 3-3 Res2Net 中的瓶颈残差结构

如图 3-3 的左半边所示，通常在较深的残差网络中使用“瓶颈（Bottleneck）残差模块”来降低计算成本，其依次由 1 × 1、3 × 3 和 1 × 1 三个卷积层组成。Res2Net 对经典的 ResNet 特征提取网络进行改造，在瓶颈型残差单元结构中的 3 × 3 卷积中引入若干更小的残差块，即使用“4Scale-(3 × 3)”的残差分层架构代替标准的“1-3-1”的网络结构，进而增加每一层的感受野大小。本章后续将 Res2Net 瓶颈块嵌入标准的 ResNet[86]网络结构中，构建出相应的 Res2Net-50/101。

（2）颈部结构—FPN

如前面所述，特征金字塔（FPN）[99]是典型的利用分层思想来建模多尺度特征并对分层特征进行融合的网络结构。FPN 将生成信息上采样，然后与浅层信息逐元素地相加，构建出不同尺度的特征金字塔结构，并针对网络每一层提取的特征，实现深层的语义信息和浅层的特征图的融合。为进一步改善多任务共享的特征提取网络中的多尺度检测问题，本章设计了一个改进的 FPN 模型，具体网络结构如图 3-4 所示。

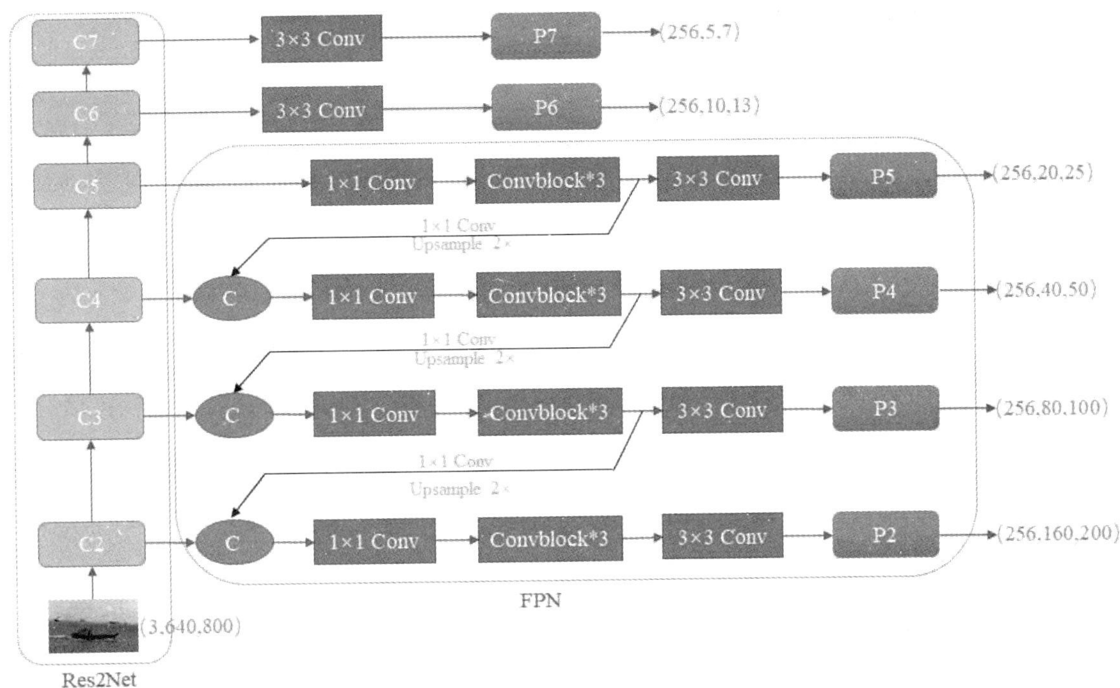

图 3-4 共享的 Res2Net-FPN 结构图

在图 3-4 中，与标准的 FPN 结构（从左到右依次为自下而上、自上而下和横向连接）不同的是，本章改进的 FPN 将中间部分替换为折线状连接。P5 由 C5 分别经过 1 × 1 Conv、3 层的 Conv 块和 1 层 3 × 3 Conv；更高语义层 P6、P7 分别由 P5 和 P6 经过步长为 2 的 3 × 3 卷积得到；P3、P4 特征的生成稍显复杂，它们由各自的上一层特征先经过 1 × 1 Conv 和 2×的上采样（Upsample），然后将其与本层特征进行通道维度的拼接（Concat）操作，再经过 3 层的 Conv 块操作，最后经过 1 层 3 × 3 Conv 生成。与标准 FPN 相同的是，在更新完相应的特征图（Feature map）之后，本章改进的 FPN 在融合后的特征（P2~P7）输出之前均使用了一个 3 × 3 卷积操作，用来缓解上采样（Up sampling）带来的混叠效应（Aliasing effect）。从图 3-4 可以直观看出，P2 和 P3 输出较大船舶的实例分割结果，P4 和 P5 输出中等船舶的实例分割结果，P6 和 P7 则输出较小船舶的实例分割结果。

3.3.2 语义分割头部

（1）语义分割头部

在构建语义分割分支时，本章在图 3-4 展示的共享 Res2Net 和 FPN 基础上进一步改进进行语义分割。如图 3-5 所示，输入为前文共享结构中 FPN 的 P2—P5 四个特征提取层，本书首先将每层的特征图首先通过 1 × 1 卷积将通道数统一调整为 128，并分别通过 1×、2×、4×和 8×的上采样操作，统一缩放（Scale）到原图的 1/4 分辨率，再拼接在一起；然后通过三个顺序堆叠的 3 × 3 可变形卷积进行特征提取；接着通过 4 倍上采样，将其提升到与原图相等的分辨率，进而得到一个与原始图像尺寸相等的、通道数为类别数的特征图，最后计算得到每个像素点 i 在本章预先定义的 l 个类别（即 $1+N_{\text{thing}}+N_{\text{Stuff}}$）上的概率 $\mathcal{S}_i(l)$。语义分割头部的网络结构如图 3-5 所示：

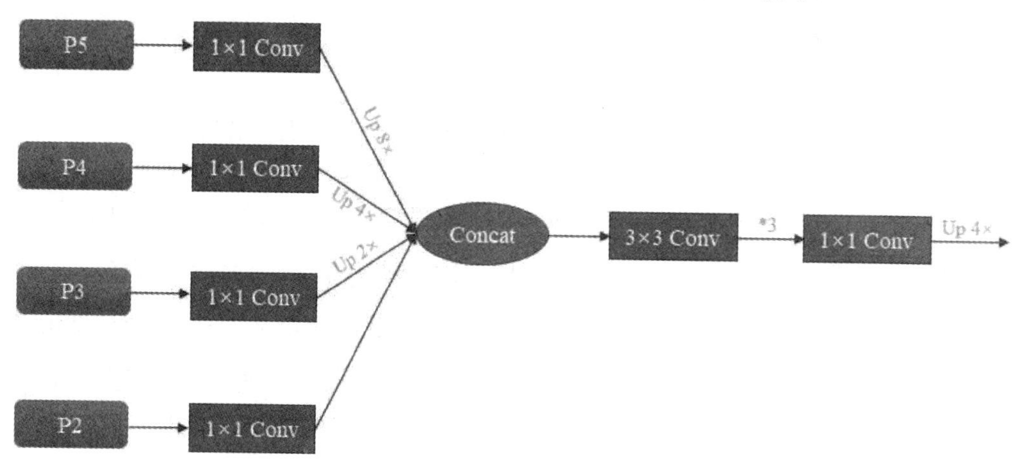

图 3-5 语义分割头部结构

需要注意的是，图 3-5 中使用了可变形卷积（Deformable convolution）[129]，通过其灵活的感受野强化了语义分割网络对上下文依赖的适应性。

（2）语义分割损失

广袤的海面场景存在典型的类别不均衡（Class imbalance）问题，包括正负样本数量不平衡和样本难易程度不平衡，导致训练过程容易被像素较多的海洋、天空背景类主导，对于远处较小的船舶以及其他水面障碍物很难学习到其特征，因而降低了习得模型的泛化性。为解决这一问题，本章针对经典的二分类任务下的 Focal loss[130]进行改进，使之可以进行多类别的语义分割，本书将基于多类别 Focal loss 的语义分割损

失定义为

$$\mathcal{L}_{ss}=FL(p)=-\sum_{c\in\{C_{stuff},C_{thing}\}}\alpha_c(1-p_{pred}*p_{truth})^{\gamma_c}\log(p_{pred}) \tag{3-1}$$

其中 $\alpha\in[0, 1]$，引入对应的分段权重参数 α_c 并定义如下：

$$\alpha_c=\begin{cases}\alpha, & y=1\\ 1-\alpha, & \text{otherwise}\end{cases}$$

式（3-1）中 $\gamma_c \geqslant 0$ 为可调整的聚焦超参数（Focusing parameter），用来调节难易样本，当其为 1 时退化到交叉熵损失函数；p_{pred} = softmax(zz_c)为类别 c 的分类概率；$(1-p_{pred}*p_{truth})^{\gamma_c}$ 则为调制系数（Modulating factor）。本章将 γ_c 和 α 的优选值分别设置为 2.0 和 0.25。

3.3.3 实例分割头部

本章的实例分割头部 YOLO-Mask 通过在 YOLO 检测器上增加 Mask 分支实现，并嵌入注意力模块和 Mask 重新打分模块。实例分割分支的网络结构如图 3-6 所示。

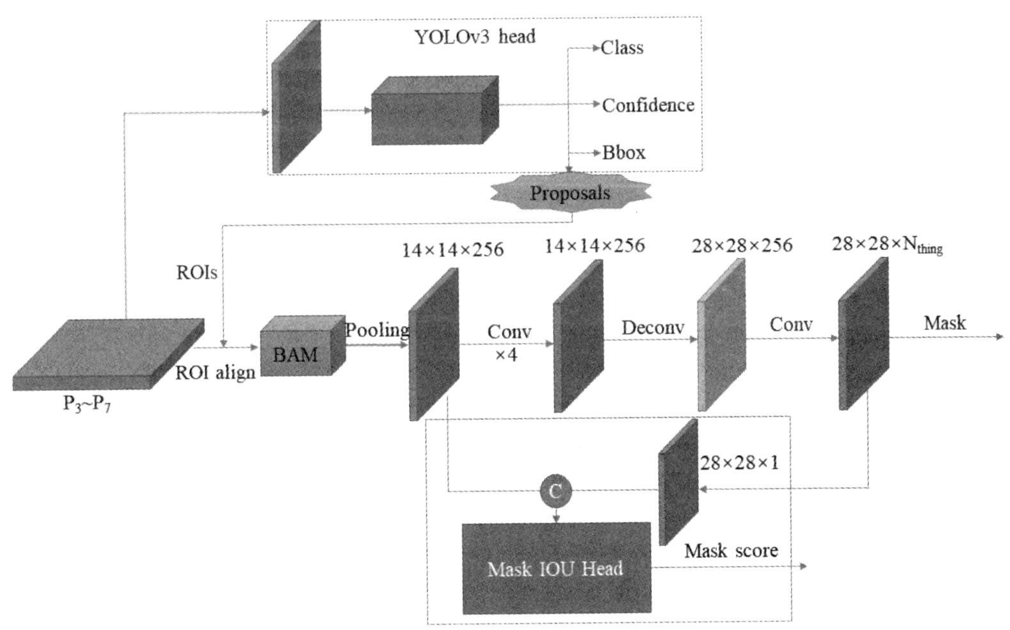

图 3-6 实例分割（YOLO-Mask）的头部结构

此外 Huang 等人[131]认为当前主流的 Mask R-CNN[120]等框架缺省地使用分类置信度去度量掩模的质量是有失妥当的，并提出一个专门模型去学习掩模的得分。受此启发，本章在实例 Mask 分支嵌入文献[131]所提出的 Mask IOU 头部，并将 Mask 头部的中间输出结果和分类置信度相乘作为最终的分数，用来度量掩模的质量，进而作为后文全景分割头部融合操作的重要证据来源。以下将详细介绍图 3-6 所示的实例分割头部中的目标检测器、注意力机制以及实例分割损失函数。

（1） 目标检测器（YOLO）

YOLO（You only look once）是当前最为先进的单阶段目标检测算法，其在推理速度和准确率方面表现均十分优异，目前最新版本为 YOLO v3/v4[74, 132]。本章的检测器在 YOLO v4 检测器基础上设计，为了与语义分割分支相兼容，本章将 YOLO v4 原有的骨干网络（Backbone）由 CSPDarkNet53 分别替换为 Res2Net-50/101，颈部网络（Neck）则将空间金字塔汇合（Spatial pyramid pooling, SPP）模块替换为改进后的 FPN，具体参见 3.1 小节的描述。

（2） 注意力引导下的掩模（Mask）操作

注意力机制通常从空间[111]和通道[112]两个维度拓展，也可以同时使用空间注意力和通道注意力，即混合注意力，典型的有 CBAM[115]和 BAM[116]。本章将轻量化的瓶颈注意力模块（Bottle attention modules, BAM）嵌入到图 3-6 所示的双线性插值和汇合操作之间，并通过以下方式改进 YOLO-Mask 模型：首先同时估计通道方向和空间方向两个维度的注意力；然后进行相加融合，旨在提取最具辨别力的特征。

对于给定 FPN 的特征图 $\mathcal{F}_i \in R^{C\times H\times W}$，经过 BAM 模块后计算得到一个三维的空间注意力权重系数 $A(\mathcal{F}_i) \in R^{C\times H\times W}$，其可由式（3-2）计算得到：

$$A(\mathcal{F}_i) = \text{Sigmoid}(A_S(\mathcal{F}_i) + A_C(\mathcal{F}_i)) \tag{3-2}$$

其中 $A_C(\mathcal{F}_i) = \mathcal{BN}(\text{Pool}_{avg}(\mathcal{F}_i))$ 为通道注意力模块，BN 表示批归一化操作；$A_S(\mathcal{F}_i)$ 为空间注意力子模块，计算如下：

$$A_S(\mathcal{F}_i) = \mathcal{BN}(\text{Conv4}^{1\times1}(\text{Conv3}^{3\times3}(\text{Conv2}^{3\times3}(\text{Conv1}^{1\times4}(\mathcal{F}_i))))) \tag{3-3}$$

值得注意的是，本章在式（3-3）中 3 × 3 卷积核的 Conv3 和 Conv2 中均引入了空洞卷积，用来增加模型的感受野，并将膨胀率设置为 4。经过以上步骤，BAM 的输出特征定义为：

$$\mathcal{F}_{io} = \mathcal{F}_i + \mathcal{F}_i \otimes A(\mathcal{F}_i) \tag{3-4}$$

其中的“⊗”表示逐元素相乘。

（3） 实例分割损失（Loss）

在 Mask 分支，本章针对最终生成大小为 28 × 28 的 Mask 图上的每一像素使用 Sigmoid 函数，计算所有像素的平均二分类交叉熵损失，损失函数定义如下：

$$\mathcal{L}_{\text{mask}} = -\frac{1}{N}\sum_{i=1}^{N_{\text{Thing}}} \hat{y}_i \log y_i + (1-\hat{y}_i)\log((1-\hat{y}_i)) \tag{3-5}$$

将实例分割分支总的损失定义为一个多任务损失函数，对于每个 ROI 区域，计算的总损失为已有 YOLO 检测器的损失加上新增加 Mask 分支的损失，表示如下：

$$\mathcal{L}_{\text{IS}} = \mathcal{L}_{\text{box}} + \mathcal{L}_{\text{prob}} + \mathcal{L}_{\text{cls}} + \mathcal{L}_{\text{mask}} \tag{3-6}$$

其中$\mathcal{L}_{\text{box}}$为 YOLO 检测器边界框的回归损失，采用考虑两个边界框中心距离的 CIOU 损失[133]，$\mathcal{L}_{\text{prob}}$和$\mathcal{L}_{\text{cls}}$则分别表示 YOLO 检测器的置信度以及分类损失。

3.3.4 基于 DSmT 的全景融合方法

（1）全景融合头部

如前文所述，全景分割对每个像素给出类别标签和所属实例 ID 的预测，这是通过将语义分割和实例分割两个分支合并为统一的任务实现的，而 Things 类别往往同时存在于上述两个分支中，冲突是几乎不可避免的。在后处理步骤中人们尝试采用多种启发式的融合方法处理冲突[134]。本章在 UPSNet[126]所提出的无参数全景分割融合分支结构的基础上，引入 Dezert-Smarandache 理论（将在下一节详细介绍）对语义分割和实例分割分支的证据进行融合（也包括重叠实例的像素冲突），即对存在冲突的不精确像素隶属预测结果进行仲裁判决。

本书在全景分割头部也使用各网络分支未归一化处理的直接输出（称为 logits）。如图 3-7 所示，假设 X_{Thing} 对应 SS 分支的前景，X_{Stuff}为 IS 分支的背景，Y_i则表示 IS 分支中相应实例的 Mask，对于任一帧图像全景融合的具体步骤如下：首先将 Y_i经过 ROI 对齐至原图尺寸并与 X_{Thing} 裁剪出来的相应部分进行相加，然后与 X_{Stuff}进入融合处理，其中对冲突的像素分类使用 DSmT 综合多方证据进行推断，最后将生成的全景 logits 经过 Softmax 函数得到最终的分割结果。全景分支的融合损失定义如下：

$$\mathcal{L}_{\mathrm{PS}} = -\frac{1}{N_{\mathrm{Thing}} + N_{\mathrm{Stuff}}} \sum_{n=1}^{N_{\mathrm{Thing}}+N_{\mathrm{Stuff}}} \sum_{c\in\{C_{\mathrm{Thing}},C_{\mathrm{Stuff}}\}} y_c^{(n)} \log(p_c^{(n)}) \tag{3-7}$$

其中 y_c 为全景分割标注的真值，p_c 为相应样本在类别 c 的 Softmax 后验概率。

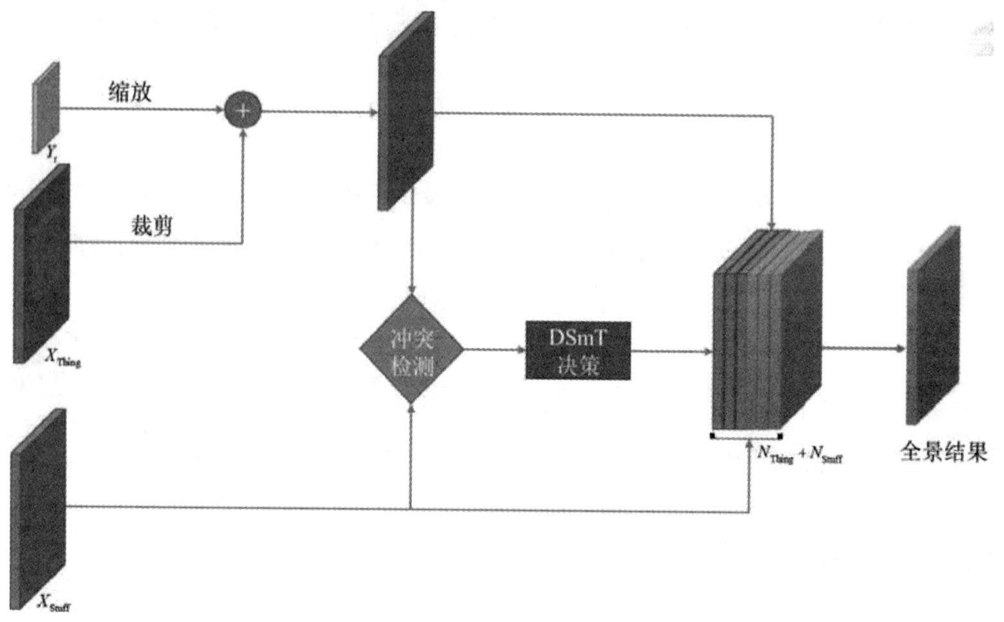

图 3-7 全景分割头部结构

（2）基于 DSmT 的融合方法

Dezert 等人在 2002 年提出的 Dezert-Smarandache 理论（简称 DSmT）[135]，又被称为似真与冲突推理理论（Plausible and paradoxical reasoning），其在经典证据理论（Dempster-shafer, D-S）[136]的基础上拓展，重在处理存在高冲突和不精确的信息。本章在实例分割分支中将边界框 $\mathrm{Bbox}(t) = \{x_t,y_t,w_t,h_t\}$ 作为几何（Geometric）证据，而 Mask 得分和分类概率作为区分性（Discriminative）证据；并直接使用最终的像素类别分类概率 $\mathcal{S}_{\mathrm{i}}(l)$ 作为语义分割的证据。

a）证据间距离度量

本章采用余弦相似度作为证据间冲突大小的判定依据，假设 m_1 和 m_2 是辨识框架 $\Theta = \{\theta_1, \theta_2,\cdots, \theta_n\}$上的两个基本的信度分配，则 $m_1(\cdot)$和 $m_2(\cdot)$间的距离相似度表示如下：

$$\begin{aligned}\mathcal{D}[m_1(\bullet),m_2(\bullet)] &= 1 - \cos[m_1(\bullet),m_2(\bullet)] \\ &= 1 - \frac{<m_1,m_2>}{|m_1|\bullet|m_2|} \\ &= 1 - \frac{\sum_{i=1}^{2^{|\Theta|}}\sum_{j=1}^{2^{|\Theta|}}\{m_1(X_i)m_2(X_j)d(i,j)\}}{\sqrt{\sum_{i=1}^{2^{|\Theta|}}\sum_{j=1}^{2^{|\Theta|}}m_1(X_i)m_1(X_j)d(i,j)}\bullet\sqrt{\sum_{i=1}^{2^{|\Theta|}}\sum_{j=1}^{2^{|\Theta|}}m_2(X_i)m_2(X_j)d(i,j)}}\end{aligned} \tag{3-8}$$

其中X_i，$X_j \in 2^{\Theta}$，$d(i,j)=\frac{|X_i \cap X_j|}{|X_i \cup X_j|}$用来直观的考察焦元的互斥包含情况，其用命题合取的焦元基数和析取焦元基数的比值来表示。由式（3-8）可知，当计算得到的$\mathcal{D}[m_1(\bullet), m_2(\bullet)]$数值越小表示证据间的相似度越高，冲突也越小，反之亦然。

b）冲突再分配规则

鉴于传统的基于D-S证据理论的组合规则容易带来信度分散的问题，Dezert等人提出一系列的比例冲突规则（Proportional conflict redistribution, PCR-1~ PCR-6）[137]，用来将冲突信度按照一定的比例关系分配到非空集合Ø中。Dezert等人[138]进一步在彩色图像的边缘检测中使用DSmT对RGB三个通道的边缘预测结果进行融合判决。Guo等人在基于中智证据C-均值的聚类算法（Neutrosophic evidential C-means clustering algorithm, NECM）中引入DSmT来针对模糊剔除（Ambiguity rejection）和距离剔除（Distance rejection）产生的冲突进行判决[139]，并将该聚类算法用于图像分割。考虑到计算的实时性，本章使用PCR中的第五条规则（PCR-5）[140]进行冲突再分配。对于给定的两个证据源（$s=2$），DSmT框架下的PCR-5融合规则定义如下：

$$m_{\text{PCR-5}}(X) = m_{12}(X) + \sum_{\substack{Y\in G^{\Theta}\setminus\{X\} \\ X\cap Y=\varnothing}}\left(\frac{m_1(X)m_1(X)m_2(Y)}{m_1(X)+m_2(X)} + \frac{m_2(X)m_2(X)m_1(Y)}{m_2(X)+m_1(X)}\right) \tag{3-9}$$

s.t. $m_{\text{PCR-5}}(\varnothing)=0$，$\forall(X \neq \varnothing) \in G^{\Theta}$

其中当$x_1,x_2 \in G^{\Theta}$，且$x_1 \cap x_2 = X$时，$m_{12}(X) = m_{\cap}(X) = \sum m_1(x_1)m_2(x_2)$为证据源$m_1(x_1)$和$m_2(x_2)$合取一致的组合结果。

c）基于 Dempster+PCR-5 自适应组合规则的全景融合算法

如前文所述，经典的 D-S 理论（如经典的 Dempster 组合规则[141]）对低冲突的证据比较有效，而 DSmT 中的 PCR 规则对于高冲突信息处理比较擅长，因此本章将二者根据证据的冲突程度组合起来使用，并计算加权和作为最终的判决结果。基于

Dempster 组合规则和 PCR-5 的全景融合算法如下：

算法 3-1 基于 Dempster+PCR-5 自适应组合规则的全景融合算法

输入 语义分割 Head 和实例分割 Head 的预测结果及各自的证据

输出 存在冲突的每个像素点的准确仲裁（决策）结果

过程

Step1 确定辨识框架 $\Theta(t_l) \triangleq \{\theta_1 = \text{is thing}, \theta_2 = \text{is stuff}, \theta_3 = \text{is void}\}$；

Step2 分别从语义分割分支和实例分割分支得到基本信度分配，分别定义为 $m_1(\bullet)$和 $m_2(\bullet)$，其中 $m_1(\bullet)$主要由逐像素的类别分类概率 $\mathcal{S}_i(l)$ 确定，而 $m_2(\bullet)$可利用边界框、Mask 得分和分类概率来确定；

Step3 根据式（3-8）计算证据间的余弦度量距离$\mathcal{D}[m_1(\bullet),m_2(\bullet)]$；

Step4 对证据两两使用扩展 Dempster 规则合成；

Step5 根据式（3-9）对以上证据使用 PCR-5 规则合成；

Step6 根据 Step3 的证据相似度确定 Dempster 规则合成结果和 PCR-5 规则合成结果的权重，加权求和得到最终的合成信度：

$$m_{\text{total}}(X) = \mathcal{D}(\bullet) * \mathrm{m}_{\text{Dempster}}(\bullet) + [1 - \mathcal{D}(\bullet)] * \mathrm{m}_{\text{PCR-5}}(\bullet) \quad (3\text{-}10)$$

3.3.5 总体优化目标函数

进一步将式（3-1）的语义分割损失、式（3-6）的实例分割损失以及式（3-7）的全景融合损失三者加权求和，得到前文所提出的全景分割框架总的损失，公式计算如下：

$$\mathcal{L}_{\text{Total}} = \lambda_s \mathcal{L}_{\text{SS}} + \lambda_i \mathcal{L}_{\text{IS}} + \lambda_p \mathcal{L}_{\text{PS}} \quad (3\text{-}11)$$

其中 λ_s、λ_i、λ_p 为权重调节系数，在 MS COCO 全景分割数据集上分别设置为 0.3、0.3、0.4，在本书自建的 MarPS-1395 数据集上分别设置为 0.4、0.4、0.2，原因在于我们自建的 MarPS-1395 数据集的真值标注相比 MS COCO 要更加的精确和完备。

3.4 MarPS-1395 数据集的构建

Prasad 等人构建了一个新加坡海事数据集（Singapore Maritime Dataset, SMD）[15]，SMD 包含 51 个标注好边界框的高清（分辨率为 1920 × 1080）视频片段，分别为 40 段岸基视频（固定平台摄像机）和 11 段船载（移动平台摄像机）视频。考虑到水面船舶运动低速的特点和视频（序列图像）中相邻帧重复率比较高（即视频场景和船舶尺度均没有变化的情况），每隔 6 秒提取一帧图片，从而尽最大可能避免连续的重复图片。经过前一步骤总计提取出 1395 张关键帧图片，总计 11 462 个检测实例，即平均每张图片超过 8 个 things。在本章的研究过程中将原 SMD 数据集中的 Boat、Ferry、Kayak、Sail boat 以及 Speed boat 等实例简化为一类（即 Ship），和 Buoy 以及 Other（如海面游泳的人）一起构成 things；stuff 则划分为 Sea、Sky 和 Island 三类。

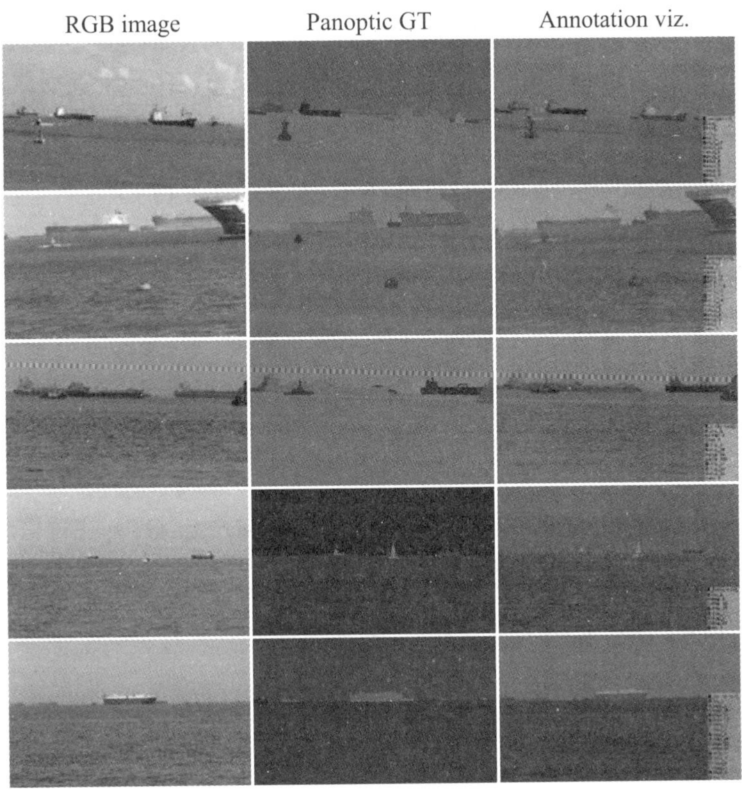

图 3-8 MarPS-1395 数据集中的示例图像

为评估本章算法以及后续研究的需要，本书在 SMD 数据集上提取出来关键帧图片的基础上进行全景分割标注（总计工作量为 698 志愿者•小时），构建了据本书作者所知的首个海面场景下的全景分割数据集——MarPS-1395。将 MarPS-1395 按 0.7: 0.2:

0.1 比例将标注完成的图片划分为训练集（976 张图片）、验证集（279 张图片）和测试集（104 张图片），数据集中的样例图像如图 3-8 所示，三列依次给出了原始的 RGB 图像、全景分割真值图片以及标注可视化图片的展示。

如前文所述，YOLO v4 是典型的基于锚框（Anchor-based）的单阶目标检测算法，其采用逻辑回归方法（Logistic regression）对 Bbox 进行预测，即从 9 个预先设定的锚框中挑选出目标存在可能性分值（Objectness score）最高的那一个。在 MarPS-1395 数据集上使用 K-means 算法聚类出来 9 个预设锚框（Anchor priors）如表 3-1 所示，并在训练时将输入的图像尺寸统一调整为 800 × 640 像素。

表 3-1 MarPS-1395 数据集的先验框在特征图上分布

特征图	100 × 80			50 × 40			25 × 20		
感受野	Small			Medium			Big		
先验框	(13×15)	(23×12)	(21×22)	(43×21)	(39×42)	(70×28)	(99×38)	(60×84)	(204×101)

如前文所述，MarPS-1395 数据集将海面场景下的 Things 类别数目简化为 3，而在 YOLO 检测器中每个先验框需要 3 个维度的类别预测值、4 个位置预测以及 1 个置信度预测，故每一个特征图的预测通道总数为：3 × (3 + 4 + 1) = 24。

3.5 实验与结果分析

3.5.1 评估指标

（1）平均精度（AP）

根据每个分割的预测结果和真值标注（Ground truth, GT）在置信度处于 threshold = [0.5: 0.05: 0.95] 时计算交并比（Intersection-over-union, IOU），MS COCO 数据集上的 AP（mAP）的定义如下：

$$\mathrm{AP}=\frac{1}{N_{\mathrm{cls}}}\sum_{C}\frac{1}{Thre.}\sum_{t}\frac{\mathrm{TP}(t)}{\mathrm{TP}(t)+\mathrm{FP}(t)} \tag{3-12}$$

其中 TP、FN、FP 分别表示预测结果中的真正例、假负例和假正例数量，下同。

（2）平均交并比（mIOU）

本章使用分割结果与 GT 的平均交并比（mIOU）来评价语义分割的质量，当两者完全重合时即比值为 1 时最优，公式表达如下：

$$\mathrm{mIOU}=\frac{1}{1+N_{\mathrm{cls}}}\sum_{i=0}^{N_{\mathrm{cls}}}\left(\frac{p_{ii}}{\sum_{j=0}^{N_{\mathrm{cls}}}p_{ij}+\sum_{j=0}^{N_{\mathrm{cls}}}(p_{ij}-p_{ii})}\right) \tag{3-13}$$

其中 i 表示真值，j 表示预测值，p_{ij} 表示错误地将 i 预测为 j。

（3）带权交并比（frequency weighted Intersection over Union, fwIOU）

fwIOU 在式（3-13）的基础上进行改进，按照类别出现的频率分别赋予不同的重要权重，公式表达如下：

$$\mathrm{fwIOU}=\frac{1}{\sum_{i=0}^{N_{\mathrm{cls}}}\sum_{j=0}^{N_{\mathrm{cls}}}p_{ij}}\sum_{i-0}^{N_{\mathrm{cls}}}\frac{p_{ii}\sum_{j=0}^{N_{\mathrm{cls}}}p_{ij}}{\sum_{j=0}^{N_{\mathrm{cls}}}p_{ij}+\sum_{j=0}^{N_{\mathrm{cls}}}p_{ji}-p_{ii}} \tag{3-14}$$

（4）全景分割质量（PQ）

本章引入文献[118]所提出的全景质量（Panoptic quality, PQ）指标进行结果评价：

$$\mathrm{PQ}=\frac{\sum_{(p,g)\in\mathrm{TP}}\mathrm{IoU}(p,g)}{|\mathrm{TP}|+0.5(|\mathrm{FP}|+|\mathrm{FN}|)} \tag{3-15}$$

式（3-15）中，当交并比指标满足 $\mathrm{IoU}(p, g) > 0.5$ 条件时表明预测出的分割结果和真值匹配上。鉴于全景分割综合了分割和检测两个任务，此处可将 PQ 分解为两部分，即 $\mathrm{PQ} = \mathrm{SQ} \times \mathrm{DQ}$，其中 SQ 为分割质量（Segmention quality），DQ 为检测质量（Detection quality），将它们依次定义如下：

$$\mathrm{SQ}=\frac{\sum_{(p,g)\in\mathrm{TP}}\mathrm{IoU}(p,g)}{|\mathrm{TP}|} \tag{3-16}$$

$$\mathrm{DQ}=\frac{|\mathrm{TP}|}{|\mathrm{TP}|+0.5(|\mathrm{FP}|+|\mathrm{FN}|)} \tag{3-17}$$

需要注意的是，在数值上 PQ 并不严格等于 SQ 和 DQ 的乘积，这是因为 PQ 需要对所有的 stuff 和 things 统一处理，分解等式 $\mathrm{PQ} = \mathrm{SQ} \times \mathrm{DQ}$ 中的“×”只是为了强调结果的可解释性。此外，针对语义分割本章后文还使用了平均准确率（mean ACCuracy, mACC）和像素准确率（pixel ACCuracy, pACC）等性能评价指标[18]。

3.5.2 实验设置

本章实验中的所有算法均运行在 Dell 的 Precision 5820 塔式工作站上，其 CPU 为 Intel Xeon 银牌 4116，搭配 64 GB 的内存和双路 NVIDIA RTX2080Ti GPU（11 GB 的帧缓冲区），深度学习框架为 Pytorch 1.5。本章的大部分算法在 Detectron2（版本号 Ver 0.1.3）和 mmSegmentation 目标检测库（版本号 Ver 0.7）的基础上实现。实验数据集为自建的 MarPS-1395，为保证实验的公平性和客观性，本章同时在公开的 MS COCO 数据集上也做了大量对比实验并给出结果。DSmT 中 PCR-5/6 是在 Github 代码仓库[142]基础上修改实现的。此外，实验时将原生 YOLO v4 版本的特征提取和融合网络分别修改为 Res2Net50/101 以及 3.3.1 小节中改进后的 FPN。

3.5.3 MarPS-1395 数据集上实验与结果分析

（1） 语义和实例分割任务上的对比实验

a）语义分割结果

如 3.3.2 小节所述，本章的语义分割分支是在共享的主干网络 Res2Net 和改进的特征融合网络基础上实现的。表 3-2 给出本章方法与当前最先进语义分割算法的对比结果。

表 3-2 与现有语义分割算法的比较结果

Method	Backbone+Neck	mIoU(%)	fwIoU(%)	mACC(%)	pACC(%)	FLOPs(%)
Deeplabv3[12]	Res101+D8	88.4	–	–	–	1.9
Deeplabv3+[12]	Xception-71+D16	89.2	–	–	–	0.5
PSANet[143]	Res101+D8	88.6	–	–	–	2
HRNet[144]	HRNetV2-W48	88.7	–	–	–	0.7
Semantic FPN[122]	Res50+FPN	86.7	95.7	91.1	97.2	**0.4**
	Res101+FPN	89.2	96.6	91.4	97.7	0.6
本章方法	Res2Net50+FPN	88.3	97.2	91.5	98.5	0.8
	Res2Net101+FPN	**90.1**	**97.6**	**92.2**	**98.8**	1.2

从表 3-2 可以看出，本章方法在使用 Res2Net101 作为主干网络时，mIoU 领先表中第六行排名第二的 Semantic FPN 方法 1.4 个百分点，其他指标 mACC 和 pACC 也均有不同程度的提高，而算力消耗指标（每秒浮点运算次数，FLOPs）则中规中矩。

需要注意的是，表中的“-”表示该项结果缺失，下同。

b）实例分割结果

为评估本章方法在实例分割领域的效果，本章与当前最先进的几种实例分割方法做对比实验，其中以标准的两阶段 Mask R-CNN 作为基准（Baseline），此外还将其主干网络更换为更为先进的 ResNeSt 进行评估；对比方法中的 YOLACT++、BlendMask 和 CenterMask 则均为基于无锚框的 FCOS 检测器实现的单阶段实例分割模型。

表 3-3 与现有实例分割算法的结果比较

实例分割方法	骨干+颈部网络	Sched.	Bbox AP (%)	mask AP (%)	推断时间
Mask R-CNN	Res50 + FPN	1×	57.8	50.6	0.055
	Res101 + FPN	3×	62.7	53.0	0.073
Mask R-CNN	ResNeSt-50 + FPN	1×	60.2	48.4	0.077
	ResNeSt-101 + FPN	1×	64.7	50.5	0.102
YOLACT++	Res50 + FPN	-	47.7	39.6	0.108
	Res101 + FPN	-	48.5	40.2	0.126
BlendMask	Res50 + FPN	1×	61.6	55.7	0.071
	Res101 + FPN	3×	62.3	**56.1**	0.091
CenterMask	Res50 + FPN	1×	55.9	46.9	0.056
	Res101 + FPN	3×	65.3	50.1	0.072
本章方法	Res2Net50 + FPN	1×	61.6	50.1	**0.038**
	Res2Net101 + FPN	3×	**67.4**	55.8	0.045

从表 3-3 可以看出本章方法相对于其它主流的实例分割方法，Bbox AP 和 mask AP 指标均获得了较为先进的效果。特别是在同等条件（Res101 + FPN），Bbox AP 比表中第十一行排名第二的 CenterMask 高了 2.1 个百分点，而推断时间仅为后者的 62.5%。表中每列最优值字体加粗显示，下同。

（2） 与主流全景分割框架的对比实验

本节将本章方法与当前先进全景分割框架进行比较，对比它们的 PQ、SQ 和 DQ 等指标，并各自细分为 All、Things 和 Stuff 三项指标，然后给出各方法的推断速度的对比结果，结果如表 3-4 所示，其中 Infer time 为总的推断时间（Total inference pure compute time）的平均值，单位为 seconds / img。需要注意的是，第一列分割方法中的 Panoptic-BlendMask、Panoptic-CenterMask 的实现均是在相应的实例分割方法 BlendMask 和 CenterMask 上增加标准的 FPN 语义分割分支构建而成。

表 3-4 与现有主流全景分割算法比较结果

分割方法	Backbone+Neck	Sched.	PQ(%)			SQ(%)			DQ(%)			Infer time
			All	Th.	St.	All	Th.	St.	All	Th.	St.	
UPSNet	Res50 + FPN	–	61.4	53.8	68.9	76.8	55.9	97.7	67.0	64.0	69.9	0.212
	Res101 + FPN	–	67.3	58.9	75.7	**79.3**	57.4	**97.6**	72.6	**69.4**	75.9	–
Panoptic FPN	Rest50 + FPN	1×	68.2	50.5	85.8	74.5	56.1	92.9	75.5	59.6	91.4	0.080
	Res101 + FPN	3×	68.6	51.2	86.2	75.3	56.8	93.7	75.4	59.6	91.2	0.090
Panoptic-Deeplab	Xception-71	–	68.4	47.9	**98.8**	–	–	–	–	–	–	–
Panoptic-BlendMask	Res50 + FPN	1×	69.9	51.9	87.9	76.6	57.9	95.3	75.5	59.3	91.7	0.092
	Res101 + FPN	3×	70.9	51.6	90.3	75.9	57.6	94.1	77.4	59.2	**95.6**	0.105
CenterMask	Res50 + FPN	1×	68.2	50.9	85.5	75.7	57.6	93.8	74.3	58.6	90.1	0.087
	Res101 + FPN	3×	69.8	51.2	88.4	76.0	57.6	94.5	75.9	58.9	93.0	0.097
本章方法	Res2Net50 + FPN	1×	68.7	50.7	86.7	77.6	56.8	95.5	78.8	57.7	91.9	**0.044**
	Res2Net101 + FPN	3×	**71.4**	**63.3**	89.5	75.1	**58.8**	96.5	**79.2**	59.8	94.2	0.056

从表 3-4 可以直观看出，本章方法在取得最为先进效果的同时，推断时间也明显减小。如当选择 Res2Net101 作为骨干网络并使用改进的 FPN 时，PQ^{All}、$PQ^{Th.}$、$SQ^{Th.}$ 和 DQ^{All} 等指标均取得了最高值，同时推断时间也大幅降低，仅占 PQ^{All} 指标排名第二的 CenterMask（表 3-4 中第 10 行，即 Res50 + FPN）的 53.3%。

（3） 实验结果可视化

如图 3-9 所示，给出数据集中部分图片全场景分割的可视化结果，并和其它主流算法的结果进行对比，从中可以直观看出本章所提模型的准确性。图 3-9 中，每列从左到右的依次表示原始图像、Panoptic-FPN[122]、Panoptic-CenterMask[118]、Panoptic-BlendMask[119]和本章方法的结果。可以直观地看出本章方法在全景分割的边缘和细节处理明显优于前三种方法，值得一提的是对于第 7 行的输入图片，由于海面光线不良并留有周围船舶航行的尾迹（Ship track），Panoptic-FPN 方法在检测阶段就将真值为 Stuff 类型的海面错误地识别为船舶实例；而 Panoptic-CenterMask 和 Panoptic-BlendMask 这两种方法均存在不同程度的分割遗漏现象，仅有本章方法能够正确地对作为 Stuff 类别的海面进行像素分配。

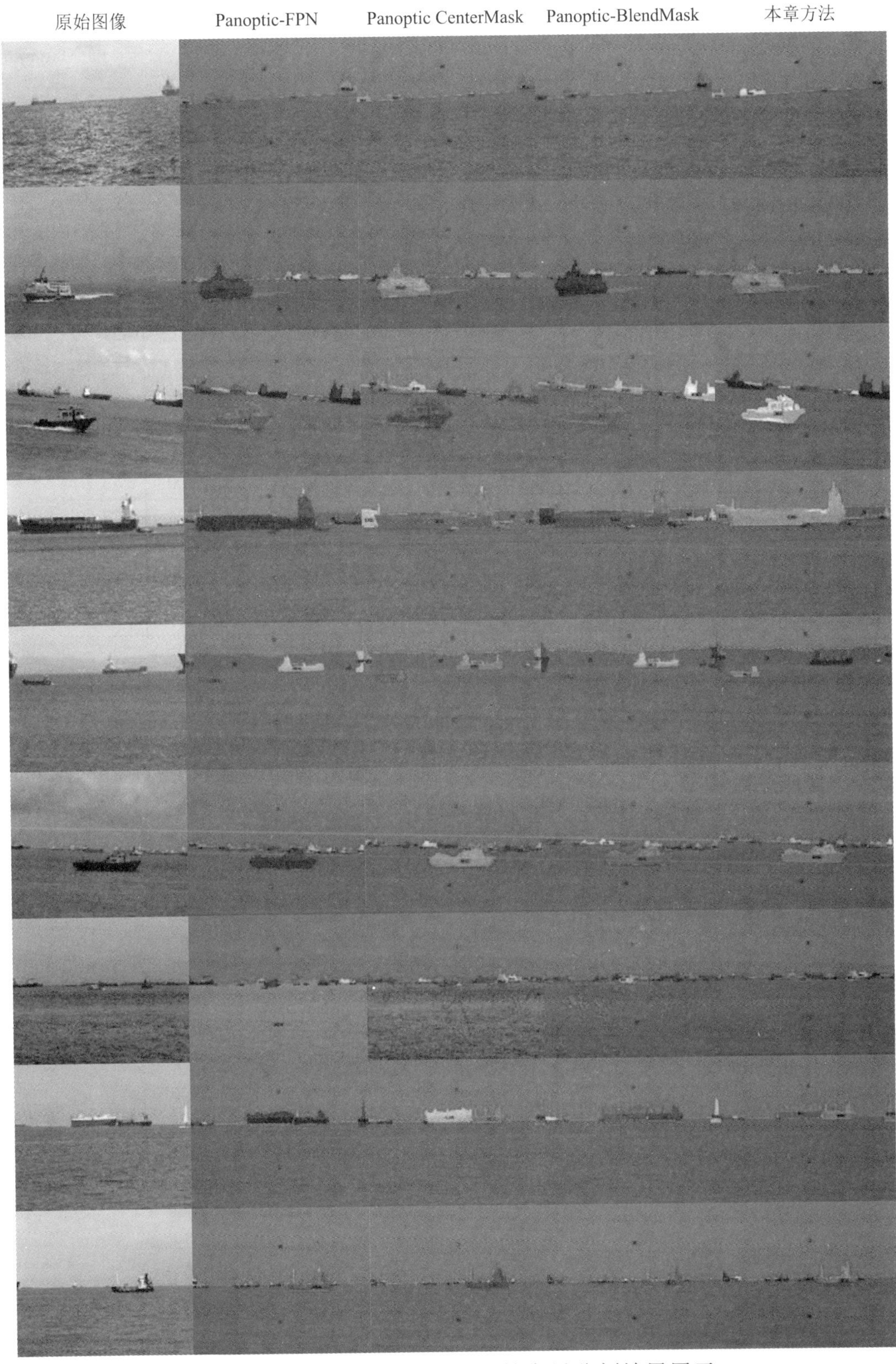

图 3-9 MarPS-1395 数据集上的全景分割结果展示

（4） 消融实验结果

a）共享的主干及颈部网络

前文实验验证了本章提出的特征提取和特征融合网络取得了当前最先进（State-of-the-art, SOTA）的效果，下面进一步通过消融实验分别评估 Res2Net 和改进的 FPN 对全景分割最终结果的影响，对比结果如表 3-5 所示。

表 3-5 更换模型对全景分割整体的影响

主干网络	颈部网络		PQ(%)	PQ^{th}(%)	PQ^{st}(%)	SQ(%)	DQ(%)
	FPN	改进 FPN					
Res50	●	○	66.8	49.7	83.8	72.7	73.7
	○	●	67.8	50.5	85.1	73.8	74.8
Res101	●	○	68.0	49.5	86.7	73.9	74.1
	○	●	69.1	50.2	88.0	75.0	75.2
Res2Net50	●	○	67.6	49.9	85.3	76.4	77.6
	○	●	68.7	50.7	86.7	77.6	78.8
Res2Net101	●	○	69.0	62.2	88.0	73.8	77.9
	○	●	**71.4**	**63.3**	**89.5**	**75.1**	**79.2**

如表 3-5 所示，使用 Res2Net101 和改进 FPN 的组合在 PQ 的三项指标(包括 All、Things 和 Stuff)、SQ 和 DQ 均取得的最优的效果。例如保持 Res2Net101 骨干网络不变，改进 FPN 获得了 1.4%的增益，故可以得出相比于骨干网络，改进 FPN 对 PQ 结果的影响更大。本章通过对 FPN 的优化和改进，还达到了网络容量扩增的同时减少参数个数的目的，如前文的图 3-4 所示，通过三层顺序叠加的卷积模块（Conv block, 3×3 卷积核)，达到了一个 7×7 卷积核的感受野规模，但卷积核参数只有后者的 55%。表 3-5 的结果还表明经过 Res2Net、FPN 等模块内部的多次信息融合后，显著提升了最终的分割效果。

b）检测器的影响

如前文所述，本章所提出的全景分割基于检测器实现，即采用自上而下的方法，为评估本章所选用的检测器和引入的 BAM 模块的有效性，下面在 MarPS-1395 数据集上进行消融实验，对比结果如表 3-6 所示：

表 3-6 实例分割头部的消融实验结果

检测器头部	BAM	PQ(%)	PQ^{th}(%)	PQ^{st}(%)	SQ(%)	DQ(%)	Bbox AP(%)	Infer time(%)
FCOS	○	69.0	50.6	87.4	75.2	75.1	78.2	0.120
	●	69.8	51.2	88.4	**76.0**	75.9	**79.1**	0.127
YOLOv4	○	70.7	62.7	88.6	74.4	78.4	78.1	**0.052**
	●	**71.4**	**63.3**	**89.5**	75.1	**79.2**	78.9	0.056

从表 3-6 可以看出，采用 YOLO v4 检测器头部在准确度和速度之间做了很好的均衡，尽管本章方法在精度方面仅以微弱优势领先 FCOS 作为检测器头部的方法，但速度比它们快了近两倍。此外，BAM 模块的引入使得本章方法在 PQ 三项指标（包括 All、Things 和 Stuff）和 DQ 上均取得最高值，但相比之下仅多消耗 4ms 的时间。

c）基于 DSmT 的全景融合方法

本章在全景融合头部使用 DSmT 将语义和实例分割分支的像素分类结果进行融合，为验证其对全景分割性能的影响，对引入的 DSm 和 PCR-5 依次展开消融实验。需要注意的是，当融合方法未作指定时，默认使用文献[126]中所提出的启发式融合（Heuristic fusion）方法作为基准进行比较，实验结果如表 3-7 所示：

表 3-7 DSmT 在本章方法中的作用

全景融合方法			PQ(%)	PQ^{th}	PQ^{st}	SQ(%)	DQ(%)	mIoU (%)	mask AP (%)
D-S	PCR-5	PCR-6							
○	○	○	67.3	58.9	75.7	**79.3**	72.6	84.9	68.9
●	○	○	70.8	61.6	79.4	73.2	76.2	86.1	72.4
●	●	○	**71.4**	**63.3**	89.5	75.1	**79.2**	**87.9**	**73.1**
●	○	●	71.2	62.1	**89.6**	74.9	78.3	87.0	73.0

从表 3-7 的统计结果能直观看出在稠密场景下，本章所提出的全景融合方法对重叠实例的区分有明显的改善；同时也从侧面证明了使用证据合成的 PCR-5 规则在只有两个证据源时与采用证据间求和方式的 PCR-6 的准确度大致相当，但在计算量方面具有优势。综上所述，PQ 指标性能的提高主要源自本章方法对实例边缘的区分性能的显著改善，更准确地说其得益于 PCR-5 对高冲突证据的处理能力。

3.5.4 MS COCO 公共数据集上实验与结果分析

为保证针对所提方法验证的公正性，本小节给出本章方法在公开的 MS COCO 全景分割数据集上的实验结果，该数据集将通用场景划分为 80 类的 things 和 53 类的

stuff，训练集有近 118k 张图片，验证集则有 5k 张图片[145]。表 3-8 给出本章方法在 COCO test-dev 上与当前主流方法的对比实验结果：

表 3-8 在公共数据集（COCO-panoptic）上的实验对比结果

全景分割方法	骨干+颈部网络	PQ(%)			SQ(%)			DQ(%)		
		All	Th.	St.	All	Th.	St.	All	Th.	St.
UPSNet	Res50+FPN	42.5	48.5	33.4	78.0	–	–	52.4	–	–
	Res101+FPN	46.6	53.2	**36.7**	80.5	81.5	**78.9**	56.9	64.6	**45.3**
Panoptic-Deeplab	Xception-71	41.4	45.1	35.9	–	–	–	–	–	–
AUNet	Res101-FPN	45.2	54.4	31.3	80.6	**83.3**	76.6	54.7	**64.8**	39.4
JSIS	Res50	27.2	29.6	23.4	71.9	71.6	72.3	35.9	39.4	30.6
Panoptic FPN	Res50+FPN	39.1	45.9	28.7	–	–	–	–	–	–
	Res101+FPN	40.9	48.3	29.7	–	–	–	–	–	–
Deeplab	Xception-71	34.3	37.5	29.6	77.1	77.5	76.4	43.1	46.8	37.4
本章方法	Res2Net50+FPN	43.2	49.5	32.1	80.1	–	–	52.6	–	–
	Res2Net101+FPN	**47.7**	**54.6**	36.2	**81.2**	–	–	**57.4**	–	–

从表 3-8 可以看出，本章方法在使用 Res2Net50 和 Res2Net101 和其它先进模型对应的骨干网络相比均取得了较为领先的效果。例如在使用 Res2Net101 和改进的 FPN，本章方法相比表中第 2 行排名第二的 UPSNet 方法，PQ^{All}、SQ^{All} 和 DQ^{All} 分别领先了 1.1 个百分点、1.7 个百分点和 0.5 个百分点。

综合以上的实验结果表明，在自建的 MarPS-1395 数据集上，本章所提方法的速度和精度均能满足海面场景理解对视频数据实时处理要求，在诸如无人船的自动驾驶以及智能船舶交通服务系统（VTS）具有广泛的应用前景；此外在公开的 MS COCO 通用场景分割数据集上的实验结果也表明本章方法具有较好的泛化性能。

3.6 本章小结

针对全新的面向海面智能监视和无人船自动驾驶的海面场景解析领域，本章提出了一种可以端到端训练并实时推断的全景分割框架。该框架将语义分割和实例分割合并成一个联合任务，在骨干网络中引入 Res2Net 并对颈部的特征融合网络进行改进；为提高全景分割的实时性，基于主流的 YOLO 检测器提出注意力引导的掩模操作；最后在全景融合头部引入 DSmT 对语义和实例分割分支的结果进行冲突判决和证据综合，最终得到冲突像素的综合判决结果及相应的可信度。此外，为验证所提方法的有效性以及应对未来研究需要，本章构建了一个标注相对完备的海面场景语义分割数据集。在自建数据集以及公开数据集上的实验结果均表明本章方法在速度和准确率方面做了较好的均衡，并且能够稳定的检测和分割海面弱小目标。未来本书作者将持续在以下两个方面深入研究：一是对实例分割分支进一步优化，引入无锚框的检测器，进一步提升习得模型的泛化能力；二是探索海面环境下单目视觉与红外热像仪（Thermal infrared imager）、激光雷达等岸基或无人船载的多模态传感器进行融合的全场景解析。

第四章 基于全局-局部特征融合的船舶目标重识别

目标重识别（Re-identification, ReID）作为图像检索的子问题，近年来在行人和智能车辆领域引起人们的极大关注。针对给定的船舶图片，海面船舶重识别（Vessel Re-identification, V-ReID）利用计算机视觉技术在跨视频帧甚至跨视觉传感器的图像集中进行检索。精确的船舶重识别不仅能大幅提高船舶交通服务系统（VTS）的闭路电视系统（CCTV）的监控效率，还能提升无人船本体对周围环境的感知能力。然而由于船舶本身作为刚体，再加上恶劣的海洋环境，使得针对海上船舶的精准重识别任务异常困难。本章提出了一种全局和细粒度局部特征融合的船舶重识别框架（Global-and-local fusion based multi-view features learning, GLF-MVFL）。GLF-MVFL 框架整合了交叉熵损失和本章新提出的方向引导的五元组损失，利用船舶的表观特征去优化重识别过程中的多视角学习流程。GLF-MVFL 使用 ResNet-50 作为骨干网络辅以同步的五元组输入，同时定位和判别全局-局部特征，并对船舶视角进行估计，最后构建出一个完整的船舶重识别框架。值得一提的是，本章还构建并详细标注了一个大型船舶检索数据集 VesselID-539，其包含了大量以船载摄像机视角拍摄的图片，将其用来训练并评估 GLF-MVFL 模型的性能。在 VesselID-539 数据集上的大量对比实验结果表明，本章提出的全局-局部特征融合方法能够显著提升船舶重识别精度，而且相较其他先进方法对多视角图像的处理更加的有效和鲁棒。

4.1 引　言

作为一种水面移动智能体，为实现自主航行无人船（USV）需要实时感知周围环境，并能准确识别出周围的海岸、岛屿、船舶或其它障碍物的位置。事实上，航行在空旷海面的 USV 最有可能遇到的障碍物是本船周围的船只，因此实时地检测和跟踪其周围船只对于 USV 非常重要，可以为后续的船载高级驾驶员辅助系统（ADAS）提供数据支撑，并辅助其做出遵守国际海上避碰规则（COLREGs）的决策，最终实现自主避碰。在做出避碰决策前（尤其是在紧迫局面下），USV 必须及时关注周围船舶的动向。为了实现对周围航行态势的实时监控，感知系统有必要从可能不连续的多个视频帧中检测并重识别船舶。USV 通过判别来自不同帧中的船舶目标是否属于同一实例，决定是将它们与已有航迹关联还是重新起始新的航迹，也就是通过全局匹配实现对周围船舶的重识别，有效避免了航迹重复起始的问题。

船舶重识别的问题定义与行人重识别[146-148]或者车辆重识别[153,155,156,157, 158]类似，其对海上安全监视和海上智能交通系统（ITS）的创建至关重要。当前目标重识别的研究重点在于如何解决类内差异（Intra-class variance）和类间相似性（Inter-class similarity）的挑战，海面船舶目标的重识别较行人和车辆的重识别又有着显著的不同，这也是本章需要重点解决的问题：一方面作为刚体，同一型号的船舶往往相似度高且同质性强，使得区分出它们之间的细微差别异常困难；另一方面，大型海面船舶从不同的角度看上去外观会有较大的差异；再者，目前已有多个成熟可用于行人和车辆重识别的数据集，但在船舶重识别领域缺乏适合深度神经网络训练的大型数据集。虽然较多针对行人和车辆重识别的先进成果可以迁移用来指导船舶重识别的研究，但船载摄像机的生存环境要比上述两者的应用场景苛刻得多，导致很多模型无法直接移植使用。综上，所述船舶重识别的研究亟需构建一个考虑船舶外观和海面环境的通用模型。

本章研究按以下三个阶段展开：首先提出了一个用于船舶重识别的深度学习框架，其中包括特征检测和判别模块，分别提取细粒度的局部特征和全局特征，并对它们的重要性进行排序和加权处理；然后基于视角估计模型和难样本数据挖掘，提出一个方向引导的五元组优化目标函数；最后，为了应对以上挑战并契合未来研究的需要，构建完成一个面向海面船舶重识别的大型图像数据集 VesselID-539，该数据集中的船舶图片覆盖了多种不同的视角。

本章其余部分安排如下：4.2 节回顾了相关工作的研究进展；4.3 节重点介绍所提出的方法；4.4 节详细描述了 VesselID-539 数据集，包括采集过程、图像标注方法；4.5 节介绍了实验设置并对实验结果展开分析。

4.2 深度学习背景下的物体重识别技术

本节首先归纳和总结通用物体重识别的相关工作，其中重点介绍行人和车辆的重识别主流模型；然后综述与船舶重识别相关的视角估计、特征判别等领域的研究进展。

4.2.1 通用目标重识别

（1）行人重识别模型

行人重识别是指从不相交的摄像机图像中识别出同一行人。Zajdel 等人在解决多目标多摄像机（Multi-target multi-camera, MTMC）跟踪的数据关联问题时，首次提出了行人重识别的概念[146]。Zheng 等人把行人的重识别分为两个阶段：行人检测和行人重识别，其中重识别又可以细化为两步：特征提取和特征相似性估算。Hermans 等人认为一直学习简单的样本会限制其习得模型的泛化能力，并提出基于难样本挖掘的三元组（TriHard）损失，引导训练网络从困难的样本中学习[82]。Cai 等人提出了一种基于多尺度、多部件（Parts）掩模的注意力网络[147]。Heo 等人开发了基于教师-学生模式的半监督学习框架来估计行人的姿态和朝向[148]。然而以上这些主流的、基于部件以及细粒度的重识别行人的方法并不能很好地应用在船舶重识别领域，原因在于不同视角下的船舶外观和姿态存在着较大的差异。目前广泛使用的行人重识别数据集包括 Market1501[149]、MARS[150]、DukeMTMC-reID[151]和 CUHK-SYSU[152]等。

（2）车辆重识别模型

车辆重识别作为自动驾驶领域的新兴任务，近年来也受到了越来越多的关注。Liu 等人构建了一个大型车辆重识别数据集 VehicleID[153]，并针对车辆的检测和重识别引入了一个混合型辨识网络（MDNet）。Xiang 等人提出了一个可以对车辆进行精细化辨识的全局性拓扑约束网络[154]，该网络引入全局约束来建模各个部件的相互作用并将其嵌入到统一的卷积神经网络（CNN）中。为应对类内差异的挑战，Bai 等人在文献[155]中提出了组敏感的三元组嵌入（GS-TRE）方法来提取车辆的细粒度特征。Guindel 等人在图像中定位车辆位置时使用 Faster R-CNN 来估计车辆的朝向[156]。Zhang 等人提出一种基于部件引导的注意力机制来定位和区分车辆的局部区域，并将其与全局分支提取出的特征相融合[157]。典型的车辆重识别的数据集包括 VehicleID[153]、VeRi-776[158]、VERI-Wild[159]和 CityFlow[160]等。

4.2.2 视角估计和基于特征的判别模型

（1）视角估计

与行人与车辆识别中的目标视角可以准确估算出来相比，不同视角下船舶姿态的较大变化使得船舶重识别困难重重，因而对于船舶的轨迹预测和重识别等任务而言，预先进行视角估计变得十分关键。目前在这一领域的研究热点主要集中在如何使用卷积特征来估计目标物体的视角上，视角估计的方法大致分为两类：一是使用物体的外观推算出的特征来直接估计，二是基于预测出的关键点进行估算。Saquib 等人提出了一个考虑人体姿态和方向的姿态敏感嵌入网络模型，该模型同步考虑行人的姿态和方向，并加权三个不同方向的视图来融合行人特征[164]。Ghahremani 等人在 SSD 单阶目标检测器上将船舶分类和视角估计两类任务进行融合[165]。Li 等人在解决由于光照不足和极端天气导致的视角模糊的问题中，引入了视角可辨识矩阵[166]。Wang 等人针对车辆重识别提出一个方向不变的特征嵌入框架，该框架融合了全局特征和视角相关的局部特征[167]，其中局部特征从预先定义的 4 个方向以及 20 个关键点中提取。

（2）基于特征的判别模型

近年来行人和车辆重识别领域的研究进展表明[168]，仅靠全局特征不足以区分外观相似的物体，因为它们缺乏精确辨识所必需的细粒度特征。充分利用更具区分力的局部特征已被证明是有效的，其可以显著地提高重识别的成功率，并已被广泛的应用于细粒度的目标识别任务中。Sun 等人开发了一种基于特征的卷积神经网络基线模型，该模型将行人的整体图像在水平方向上等分，并为每个部件的空间分布分配一个软权重，最后再将它们对齐[169]。Tan 等人在前人提出的行人重识别的多粒度网络模型的基础上，引入使用两个水平条带和两个垂直条带（即 2×2 网格）对车辆特征进行语义建模[171]。He 等人在训练阶段融合了部分正则化的局部和全局特征，提高了对外观相似车辆的识别能力[168]。此外，Tan 等人运用复合缩放方法均匀地缩放 CNN 的宽度、深度以及图像的分辨率，进而设计出一个统一缩放网络模型 EfficientNet[96]，本章后文将使用 EfficientNet 作为特征提取器来定位图像中最具辨识性的特征。

4.3 基于全局-局部判别特征融合的重识别方法

GLF-MVFL 模型的总体架构如图 4-1 所示，在提出的 GLF-MVFL 的流程（Pipeline）上，首先检测出具有判别力的特征，然后从细粒度图像中提取局部特征，最后再将它们拼接起来，即融合全局特征和局部特征进行判别特征学习。GLF-MVFL 模型由五个主要部分组成：全局特征学习模块、判别特征检测模块、局部特征提取模块、视角估计模块和特征加权融合模块。在图 4-1 中，蓝色框标注的模块是本章研究的重点，后文将重点关注总体框架中的视角估计以及船舶重识别模型的构建方法。

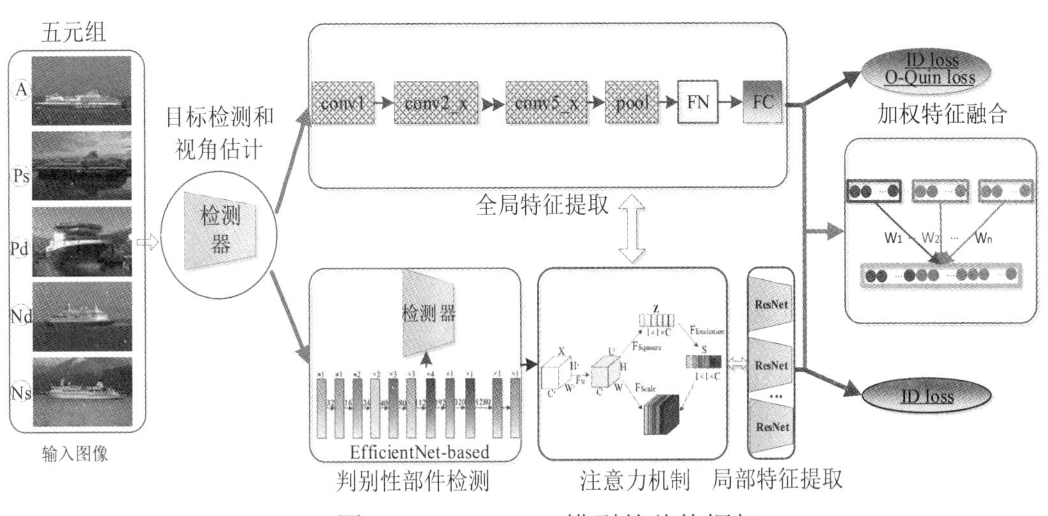

图 4-1 GLF-MVFL 模型的总体框架

在计算从不同角度拍摄的船舶图像的相似度时，以及在将船舶图像的某一部分与船舶的整体图像进行比较时，存在着空间错位即非共同可见区域（Disjoint region）会消耗重识别模型较多的注意力，为应对这一挑战，本章提出一种基于类内差异和类间相似性的部件划分方法以及聚合策略。

4.3.1 船舶重识别定义

（1）船舶重识别问题描述

如前文所述，船舶重识别具有和行人以及车辆重识别相同的目标，即对于给定的来自不同视角的输入图像对，判断它们是否源自同一目标并给出相似度得分。进一步将 V-ReID 定义如下：假设给定训练集 $\mathcal{T}=\{(\mathcal{I}_t,\mathcal{Y}_t)\}_{t=1}^{N}$，$\mathcal{I}_t$ 和 $\mathcal{Y}_t$ 分别表示输入船舶图片和相应的身份（ID）标签，则对于任意的图片对，距离度量函数定义为

$\mathcal{D}(\mathcal{I}_a,\mathcal{I}_b):\mathcal{R}^{\mathcal{D}}\times\mathcal{R}^{\mathcal{D}}\rightarrow\mathcal{R}$[172]。V-ReID 模型的主要任务是通过最小化预先定义的损失函数$\mathcal{L}_{reid}(\mathcal{I}_t,\Theta)$来获取最优的映射函数$f(\mathcal{I}_t,\Theta)$，其中 Θ 表示$f(\bullet)$ 的待学习参数。如果$\mathcal{I}_a$和$\mathcal{I}_b$是来自同一艘船的不同视角的图片，将它们拉近在一起并置相似度得分$\mathcal{S}(\mathcal{I}_a\,\mathcal{I}_b)\rightarrow 1$；若属于不同的船舶实例，则将它们推开并置$\mathcal{S}(\mathcal{I}_a\,\mathcal{I}_b)\rightarrow 0$。总的来说，$\mathcal{D}(\mathcal{I}_a\,\mathcal{I}_b)$ 满足如下条件：

$$\mathcal{D}_{\substack{\mathcal{V}_a=\mathcal{V}_b\\ \mathcal{V}_a\approx\mathcal{V}_b}}(\mathcal{I}_a^{\mathcal{V}_a},\mathcal{I}_b^{\mathcal{V}_b}) \le \mathcal{D}_{\substack{\mathcal{V}_a=\mathcal{V}_b\\ \mathcal{V}_a<>\mathcal{V}_b}}(\mathcal{I}_a^{\mathcal{V}_a},\mathcal{I}_b^{\mathcal{V}_b}) << \mathcal{D}_{\mathcal{V}_a\neq\mathcal{V}_b}(\mathcal{I}_a^{\mathcal{V}_a},\mathcal{I}_b^{\mathcal{V}_b}) \tag{4-1}$$

其中上标$\mathcal{V}_a$, $\mathcal{V}_b$分别代表了输入图片中船舶的视角。

（2）多语义部件特征的定义

首先将船体定义为多个部件的弹性组合：$I_i=\{P_i^k\}$, $k=1,2,\cdots,\mathcal{M}$，其中 P_i^k 为 I_i船舶图片的第 k 个部件，总计$\mathcal{M}$个部件。简单起见，本章将船舶甲板以上的所有围蔽建筑物视为整体的上层建筑，进一步将 GLF-MVFL 模型定义 4 个船舶部件：船首、船尾、侧干舷和上层建筑，并在图 4-2 中将它们用黄框标出，分别对应左舷、右舷、船首、船尾 4 个视角。需要强调的是此处定义的多视图和船舶部件的数量可以动态调整，鉴于本章的关注点在于验证 GLF-MVFL 的有效性，此处将它们的典型值均设为 4。图 4-2 中的图片是从 VesselID-539 数据集中随机抽取的一艘马士基航运（MAERSK LINE）旗下的集装箱船，黄色框表示检测到的具有判别特征的区域。

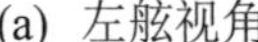

(a) 左舷视角

(b) 右舷视角

(c) 船首视角

(d) 船尾视角

图 4-2 GLF-MVFL 模型的多视图和多部件示意图

4.3.2 全局特征提取

在目标重识别训练阶段，首先统一将输入的图像分辨率调整为 256 × 384，并将输出特征图的大小设置为 2048 × 8 × 12；然后将图像输入残差神经网络（典型的如 ResNet-50）进行训练和进一步的特征提取。在全局特征提取阶段，引入特征规范化（Feature normalization, FN）对船舶重识别模型最终的特征表示层施加影响，以提高学习到的特征的识别能力，并在损失计算阶段弱化非标准化特征的影响。FN 是 Hasnat 等人提出的特征规范化操作[173]，是批规范化（Batch normalization, BN）的一种特殊形式，并且服从正态分布，旨在确保每个特征对损失函数的贡献度相等。此处设置缩放参数 $\beta = 0$ 和平移参数 $\gamma = 1$，并将其代入标准的 BN 公式，进一步将 FN 网络层的前向传播公式定义为：

$$\hat{x}_i = \frac{x_i - \mu_{\mathcal{B}}}{\sqrt{(\sigma_{\mathcal{B}})^2 + \varepsilon}}\ ,\ y_i \leftarrow \hat{x}_i \equiv \mathcal{BN}_{\beta=0,\ \gamma=1}(x_i) \tag{4-2}$$

其中 $\mu_{\mathcal{B}} \leftarrow \frac{1}{n}\sum_{i=1}^{n} x_i$ ，$\mathcal{B}=\{x_1, x_2, \cdots, x_n\}$ 是小批量（mini-batch）的均值，$(\sigma_{\mathcal{B}})^2 = \frac{1}{m}\sum_{i=1}^{m}(x_i - u_{\mathcal{B}})^2$ 则是 mini-batch 的方差。

4.3.3 判别特征的识别和提取

本章基于当前以实时性著称的 YOLO v3（You only look once）[132]框架设计出一个用来提取区分性特征的检测器，并实现多尺度的特征以及预测融合。YOLO v3 精度与 ResNet-101 主干网络相当，但在速度上有较为明显的优势。具体实施过程中，首先对 YOLO v3 进行适应性改进，并引入 EfficientNet[96]作为骨干网络取代原有的 Darknet53，旨在提高检测器的特征提取能力；然后将批量规范化（BN）[93]层的参数合并到卷积层中，以提高所设计检测器的前向推断速度。卷积层的合并过程描述如下：

$$
\begin{aligned}
\hat{x}_i &= \frac{\gamma\left(\sum_{i=0}^{n}(x_i * w_i) - \mu\right)}{\sqrt{\sigma^2+\varepsilon}} + \beta \\
&= \sum_{i=0}^{n} x_i * \gamma \frac{w_i}{\sqrt{\sigma^2+\varepsilon}} - \gamma \frac{\mu}{\sqrt{\sigma^2+\varepsilon}} + \beta
\end{aligned}
\tag{4-3}
$$

在式（4-3）中，令 $\eta = \gamma(\sigma^2+\varepsilon)^{-1/2}$ 后得到合并的权重参数 $w_{\text{merged}} = \eta \times w_i$ 和偏差参数 $\beta_{\text{merged}} = \beta - \eta \times \mu$；对于本章改进的 YOLO 检测器，此处将常数 ε 设置为 0.00001 以确保数值稳定（即防止分母出现 0）。和全局特征提取模型一样，本节仍使用 ResNet-50 作为局部特征提取器。以船舶 ID 为标签，使用具有交叉熵损失的 Softmax 作为分类训练的监督函数[174]，从每个检测到的局部特征中学习，局部分支总的损失函数定义如下：

$$
\begin{aligned}
\mathcal{L}_{\text{parts}} &= \sum_{m=1}^{M} \lambda_m \mathcal{L}_S^{(m)} \\
&= -\frac{1}{N} \sum_{n=1}^{N} \sum_{m=1}^{M} (\lambda_i g_n^{(m)} \log(\hat{g}_n^{(m)}))
\end{aligned}
\tag{4-4}
$$

其中 $\mathcal{L}_S^{(m)} = -\frac{1}{N}\sum_{n=1}^{N} g_n^{(m)} \log(\hat{g}_n^{(m)})$ 用来度量第 m 个特征所对应的交叉熵损失，M 和 N 分别表示船舶实例和特征的总数，λ_i 是每个特征交叉熵损失的权重系数。

4.3.4 视角估计方法

Zhang 等人将全方位的视角空间离散化，并在此基础上提出通过预测每个方向的概率来解决视角估计问题的方法[157]，该方法将视角估计建模为分类任务来执行。受文献[35]和[163]的启发，本章将整个视角范围（全方位 360°）划分成 N_v =16 个 bins（从 1 开始连续编号），每个 bin 表示 22.5° 。对于每个 bin 所对应的 $\mathcal{O}_n$（n = 1,2,…,N_v），满足以下条件：

$$\mathcal{O}_n=\left\{\theta_n \in [0,360) \middle| \frac{360}{N_v}\times(n-1)\leq \theta_n < \frac{360}{N_v}\times n\right\} \tag{4-5}$$

其中 θ_n 落入半开区间。

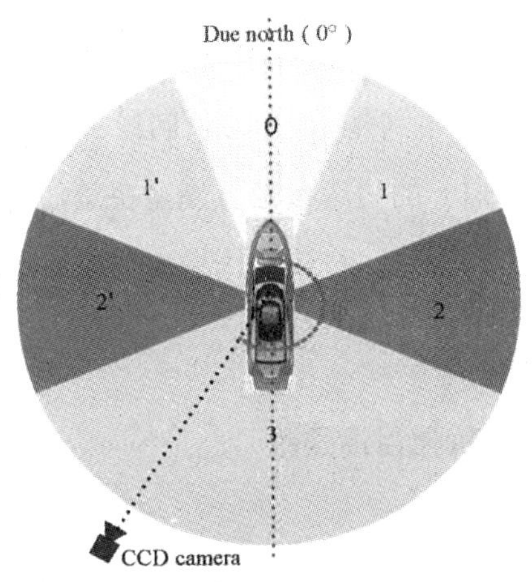

图 4-3 四个预定义的视角 bin 图示

精确对齐两个船舶图像的已匹配部件的步骤如下：首先将视角空间量化为若干个箱体（bin），然后根据船体的对称性，将空间按照预先定义的 4 类视角划分。如图 4-3 所示，扇区顺时针依次为：0——船首视角、1——右舷视角、2——右舷视角和 3——船尾视角。扇区 1 和扇区 2 包括对称的右舷和左舷。值得注意的是，图中使用 φ 给出视角的指示，该视角是从 0°起点（定义为正北方向）计算得到，并将拥有方向 bin($\mathcal{O}_b$) 的船舶图像分配到对应的视角$\mathcal{V}(\mathcal{O}_b)$。考虑到船体的对称性，本章将左舷和右舷合并为同一个 bin。结合图 4-3，bin 划分的详细描述如下：

$$\mathcal{V}(\mathcal{O}_b)=\begin{cases}\text{stem} & \text{, where } \mathcal{O}_b \in \{1\}\cup\{16\} \\ \text{stem-port} & \text{, where } \mathcal{O}_b \in \{2,3\}\cup\{14,15\} \\ \text{port-side} & \text{, where } \mathcal{O}_b \in \{4,5\}\cup\{12,13\} \\ \text{stern} & \text{, where } \mathcal{O}_b \in \{6,7,8,9,10,11\}\end{cases} \tag{4-6}$$

类似于文献[175]，本章也间接地按照 bin 属于船舶的视角进行分类。通过在余弦空间中最大化分类间隔，将每个方向分类的问题转化为最小化余弦交叉熵损失进行求解，损失函数定义如下：

$$\mathcal{L}_{\text{ve}} = -\frac{1}{N_s}\sum_{i=1}^{N_s}\log\left(\frac{\exp(s\cdot\cos(\theta_{y_i},i)-m)}{\exp(s\cdot\cos(\theta_{y_i},i)-m)+\sum_{j=1,j\neq y_i}^{N_v}\exp(s\cdot\cos(\theta_j,i))}\right) \tag{4-7}$$

$$\text{s.t.}\quad \cos(\theta_j,i)=W_j^T x_i \tag{4-8}$$

式（4-8）中 θ 表示权重向量 W_j 和输入向量 x_i 之间的角度，s 是比例因子，m 是用作距离控制（余弦间隔）的边距参数且满足决策边界条件 $s\cdot(\cos\theta_i - m - \cos\theta_j) = 0$。需要注意的是，式（4-8）中的 W 和 x 均是规范化后的，旨在引导 CNN 网络专注于视角估计子任务的优化。

4.3.5 方向引导的五元组优化目标函数

目前对人、车、甚至野生动物的重识别（如对西伯利亚虎的重识别[176]等）集中在对比损失[80]、三元组损失[81]和一些改进的三元组损失变体的利用，如 batch-hard 三元组损失[82]或四元组损失[83]。

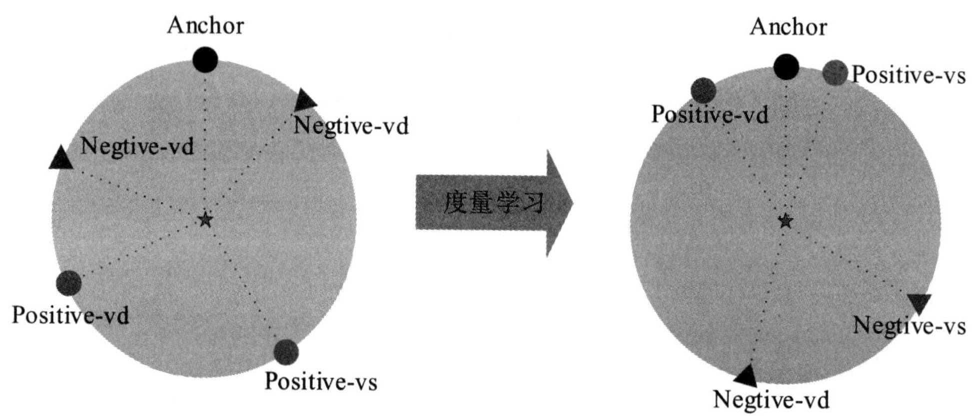

图 4-4 方向引导的五重损失的度量学习

如图 4-4 所示，定义输入的五元组为{<$\mathcal{A}$, $\mathcal{P}_{VS}$, $\mathcal{P}_{VD}$, $\mathcal{N}_{VS}$, $\mathcal{N}_{VD}$>}，其中：锚定图像 $\mathcal{A}$、来自同一视角的正图像样本 $\mathcal{P}_{VS}$（Positive-vs）、来自不同视角的正图像样本 $\mathcal{P}_{VD}$（Positive-vd）、来自同一视角的负图像样本 $\mathcal{N}_{VS}$（Negative-vs）和来自不同视角的负

图像样本$\mathcal{N}_{VD}$（Negative-vd）。

如前文所述，外观尺寸较大的船舶对观察视角的改变更加敏感。因此，对于相似性度量学习，本章将两个额外的图像样本（一个正样本和一个负样本）添加到三元组以扩充为五元组。方向引导的五元组损失（O-Quin）由以下公式给出：

$$\begin{aligned}&\mathcal{L}_{\text{Quin}}=[\mathcal{D}(\mathcal{I}_a,\mathcal{I}_{ps})-\mathcal{D}(\mathcal{I}_a,\mathcal{I}_{ns})+\alpha]_+ +[\mathcal{D}(\mathcal{I}_a,\mathcal{I}_{pd})-\mathcal{D}(\mathcal{I}_a,\mathcal{I}_{nd})+\beta]_+\\&\text{s.t. }\alpha>>\beta\end{aligned}\tag{4-9}$$

其中$[\bullet]_+=\text{Max}[0,\bullet]$。在式（4-9）中，$\alpha$ 和 β 表示边距值，且满足约束条件 $\alpha>>\beta$，即 α 和 β 分别具有强拉力和弱拉力。$\mathcal{D}(\mathcal{I}_i,\mathcal{I}_j)$ 是余弦距离函数，计算如下：

$$\mathcal{D}(\mathcal{I}_i,\mathcal{I}_j)=1-\cos\theta=1-\frac{f(\mathcal{I}_i)\bullet f(\mathcal{I}_j)}{\left\|f(\mathcal{I}_i)\right\|_2\left\|f(\mathcal{I}_j)\right\|_2}\tag{4-10}$$

式（4-10）中的 θ 表示特征向量 $f(\mathcal{I}_i)$ 和 $f(\mathcal{I}_j)$ 之间的角度，$\|\bullet\|_2$是 L2 范数的运算符；$d(\bullet)$在[0 , 2]范围内，为 0 时表示最相似。

根据文献[82]实证分析得出的结论，仅从简单的样本中学习将限制训练网络的泛化能力。本章根据预测出的视角进行困难样本鉴别，即将难样本挖掘思想引入到学习中。如图 4-5 所示，$\mathcal{P}_{VD}$表示具有与锚定图像几乎完全不同的视角的所选图像（即外观差异较大的正样本），例如船首和船尾视角。$\mathcal{N}_{VS}$表示最难负样本，与锚定图像相比，它们的特征向量间的距离相对较小。简单起见，此处进一步忽略$\mathcal{D}(\mathcal{I}_a,\mathcal{I}_{ps})$, $\mathcal{D}(\mathcal{I}_a,\mathcal{I}_{nd})$和 β 的影响，因此可将式（4-9）改写为：

$$\mathcal{L}_{\text{Quin}}=\frac{1}{V\times K}\sum_{\mathcal{I}_a\in\text{batch}}[\max_{\mathcal{I}_{pd}\in A}\mathcal{D}(\mathcal{I}_a,\mathcal{I}_{pd})-\min_{\mathcal{I}_{ns}\in B}\mathcal{D}(\mathcal{I}_a,\mathcal{I}_{ns})+\alpha]_+\tag{4-11}$$

其中每批（Batch）由 V 条船舶（每条船舶均具有唯一的 ID）和来自各艘船舶的 K 个不同图像组成，总共为 $V\times K$ 个图像。

4.3.6 全局和局部特征的融合方法

从不同的视角拍摄，船舶的剖面变化很大，每个剖面可能包含不同的显著特征。在本章后文构建的数据集中 90%以上的船舶图像具有三种以上的判别特征，因此在特征融合过程中需要考虑各判别特征的权重。对于给定的全局特征 f_{global} 和多个部件特征 $\left\{f_{p_i}\right\}_{i=1}^{n}$，首先通过式（4–12）将其中的多个部件特征聚合为局部特征 $f_{\rm local}$：

$$f_{\rm local} = \alpha_1 f_1 \oplus \alpha_2 f_2 \oplus \cdots \oplus \alpha_P f_P \tag{4-12}$$

其中，$\alpha_i (i = 1,2,\ldots,P)$ 是由 ResNet 结合压缩和激励（SE）模块[112]计算得到的软注意权重，简称为 ResNet-SE。

鉴于具有区分力的局部特征能够为全局特征提供良好的补充，本章局部特征 $f_{\rm local}$ 与全局特征 $f_{\rm global}$ 进行拼接操作，最后的融合特征表示如下：

$$f_{\rm fusion} = [\lambda f_{\rm global}, (1-\lambda)\tanh(f_{\rm local} \odot W + B)] \tag{4-13}$$

其中权重向量 W 和偏差项 B 是待学习的参数；λ 是一个超参数，用于平衡局部特征和全局特征并进行加权，本章缺省设置 $\lambda = 0.4$。

训练的目标是通过改变每个分项的权重，使总损失函数最小，即实现式（4–4）、式（4–7）和式（4–11）线性叠加后的最小化。总的优化目标函数定义如下：

$$\mathcal{L}_{\rm reid} = \underbrace{\beta_1 \mathcal{L}_{\rm Quin} + \beta_2 \mathcal{L}_{\rm ve}}_{\mathcal{L}_{\rm global}} + \underbrace{\beta_3 \mathcal{L}_{\rm ve} + \beta_4 \mathcal{L}_{\rm parts}}_{\mathcal{L}_{\rm local}} \tag{4-14}$$

其中，β_1，β_2，β_3和β_4是用来平衡上述四类不同模块损失而引入的权重超参数。

4.4 VesselID-539 数据集的构建

本章构建并详细标注了一个用于海面船舶重识别的大型图像数据集——VesselID-539，用于评估所提出的 GLF-MVF 模型，并满足未来对船舶重识别或细粒度特征识别的研究需要。据本书作者所知，VesselID-539 是针对海面船舶重识别研究的迄今为止最大的图像库。在本节中，将详细描述 VesselID-539 数据集的采集和构建过程。

4.4.1 数据采集

VesselID-539 数据集中的图片是从 MaritimeTraffic 网站（www.marinetraffic.com）爬取的，时间跨度为 2019 年 03 月 13 至 2019 年 03 月 16 日（原始图片下载链接以及处理和标注的脚本程序将公布在本书作者的 Github 主页）。爬取的原始数据包含了 511 艘船的总计 149,465 张图片。这些图片主要是由世界各地的专业摄影师在不同的时间和地点（通过船上或岸上摄像机）拍摄的。VesselID-539 数据集里的每一艘船都拥有一定数量来自不同视角、剖面各异的图片。图 4-5 给出了四种常见挑战场景下的示例图片，每个象限为同一 ID 船舶在不同的挑战场景（顺时针方向，从左上角依次为光照变化、尺度变化、背景变化和视角变化）下的 6 幅图片。

(a) 光照变化　　(b) 尺度变化

(c) 背景变化　　(d) 视角变化

图 4-5 VesselID-539 数据集中挑战性场景下的图像示例

4.4.2 标注描述

在数据集标注过程中，本章首先使用 YOLO v3[132]检测器来自动定位图像中目标船舶的边界框（Bbox），具体方法为首先使用从 ImageNet 数据集上预训练得到的权重，然后在 MARVEL 数据集[47]上进一步微调训练后的模型进行 Bbox 预测。表 4-1 给出了 VesselID-539 数据集的特征图和先验框的分布。利用 K-means 算法，从训练集的真值 Bbox 标注中聚类出 9 个先验框，用来限制目标船舶尺寸的预测范围，并实现多尺度学习。

表 4-1 VesselID-539 数据集的特征图和预定义的先验框

特征图尺寸	13 × 13			26 × 26			52 × 52		
感受野	Big			Medium			Small		
先验框	367×175	355×248	349×117	346×337	216×311	153×172	234×86	265×180	96×47

然后手工检查和校正了 YOLO v3 错误标注的边界框，重新标记了一些漏标的船舶实例，并挑选出含有两艘及以上的船舶的图片进行特殊处理。考虑到有些船舶的图片跨度多达数年，本章将属于同一艘船舶 ID 但拥有不同船体颜色、不同载重情况（比如集装箱船满载货物和空载的情况）的图像归类给不同的船舶 ID。图 4-6 给出了 VesselID-539 数据集的统计结果，同时统计出落入预设统计区间内的船舶 ID 数量，每艘船具有判别特征的数量，还有每艘船视角的分布情况。预定义的方向 bin（Orientation bin）参见本章 4.3.4 小节的详细描述。

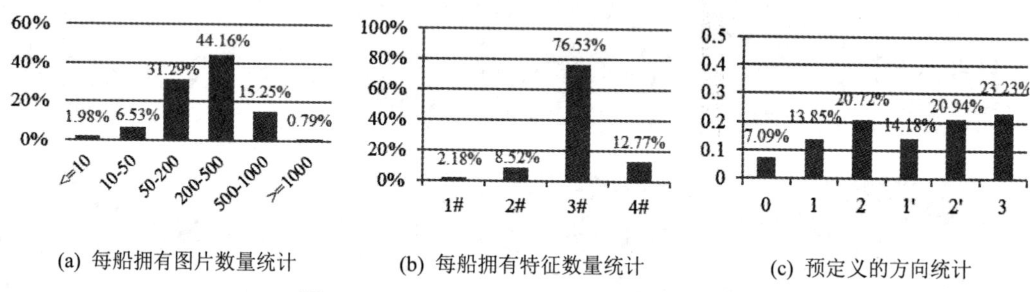

(a) 每船拥有图片数量统计　(b) 每船拥有特征数量统计　(c) 预定义的方向统计

图 4-6 VesselID-539 数据集的统计分布

经过数据清理和重新标注后（本项工作由 6 位志愿者在两周内完成），总计获得了 149 363 张图片，它们分别属于 539 艘船舶，故将本数据集命名为 VesselID-539。在 VesselID-539 数据集里平均每艘船有 277 张图片，其中数量最多的船舶高达 1 414 张，而最少的仅有 3 张，详细统计信息如图 4-6（a）所示。船型和船体颜色的统计分布如图 4-7 所示，其中图 4-7（a）展示了船舶类型的分布；图 4-7（b）展示了船舶颜色的分布情况（仅考虑船体在水线以上和主甲板以下的颜色）。

然后再将每幅图像都裁剪到前一步骤获得的船舶边界框尺寸。为了利用更多的信息进行船舶重识别，对每张图片添加详细的标注，例如船名、船体颜色（白色，灰色，黑色，红色等）、船型（客运船，拖船，货运船，特种船等）以及船的拍摄角度（视角），本章将以上这些称为多维特征。尽管更多的标注属性会增加重识别模型的复杂度，但与此同时也能为未来海面环境感知任务的拓展预留了潜在的灵活度。对每一张裁剪过的船舶图片，进一步手动为多个判别特征标注出子边界框（sub-Bboxes），数量从 1 到 4 个不等。VesselID-539 数据集总计标注出 447 926 个 sub-Bboxes，此项工作由 10 位志愿者在六周内完成。

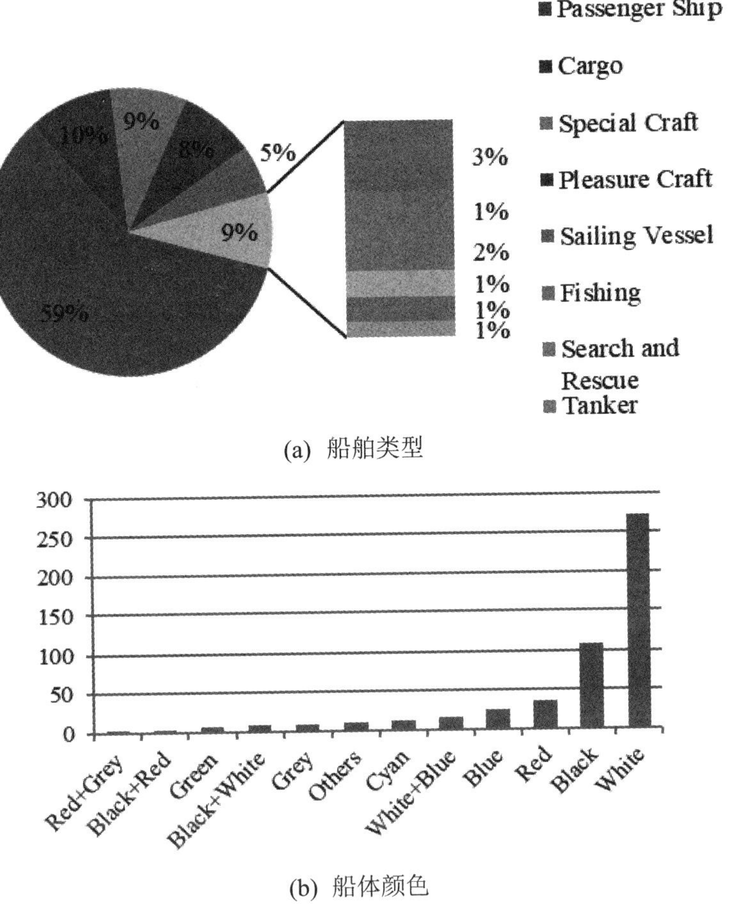

(a) 船舶类型

(b) 船体颜色

图 4-7 VesselID-539 数据集的统计分布

4.4.3 数据集的划分

根据机器学习数据集划分的经验法则，将 VesselID-539 数据集按 80: 20 的比例划分成为训练和测试集。训练集由 377 个船舶 ID 的 104 554 张图片组成，测试集则包含 162 个船舶 ID 的 8962 张图片。然后将测试集进一步细分为查询集（Probe set, 20%的 IDs）和图库集（Gallery set, 80%的 IDs）。图 4-8 给出了 VesselID-539 数据集划分的示意。

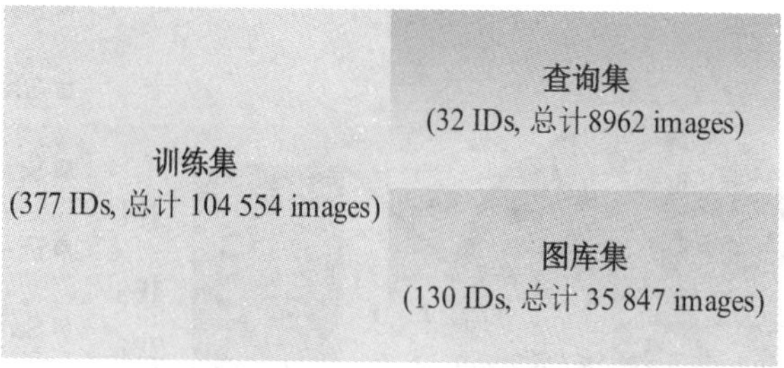

查询集
(32 IDs, 总计8962 images)

训练集
(377 IDs, 总计 104 554 images)

图库集
(130 IDs, 总计 35 847 images)

图 4-8 VesselID-539 数据集的划分示意图

表 4-2 展示了 VesselID-539 数据集和现有的大规模数据集 VesselReID[113]对比情况。总体而言，本书构建的 VesselID-539 数据集无论是图片总量还是每艘船的平均图片量均显著领先于 VesselReID，并可以更多的来自不同视角的图像样本进行训练。此外，VesselID-539 数据集还为其中的每艘船舶提供了具有判别力特征的语义部件标注。

表 4-2 与其他船舶重识别数据集的比较结果

数据集	IDs	图片总数	平均图片数/ID	属性标注	部件标注	视点标注
VesselReID	733	4616	6	√	×	√
VesselID-539	539	**149 363**	**277**	√	√	√

4.5 实验与结果分析

本章将检测模型和重识别模型分开训练，下面通过一系列的对比和消融实验来评估 GLF-MVFL 模型的有效性。

4.5.1 实验设置

（1） 网络架构和训练

本章使用残差卷积网络 ResNet-50[86,87]作为部件特征提取的骨干网络，最小批数（mini-batch）设置为 32。设置总计训练 100 轮，初始学习率为 0.001，并在第 40 轮后每隔 20 轮将学习率衰减为前一阶段的 1/5。由于 GPU 显存的限制，本章设置$\mathcal{V}=32$和$\mathcal{K}=8$（即 batch = 32 × 8）。

（2） 基准方法选择

本章选择带有交叉熵和 Hard triplet 损失[178]的 ResNet-50 模型作为与 GLF-MVFL

方法进行比较的基线。本节还选择另外两种 SOTA 方法加入对比实验：嵌入网络（交叉熵 +triplet 损失，也被称为多重损失，其同样也使用 ResNet-50 作为骨干网络）来自 Bai 的 Github 库[155]; 此外，MDNet[153]也被用来做对比，其使用 VGG_CNN_M_1024 作为骨干网络，损失函数为自定义的耦合聚类三重损失（CCL）。

本章实验中的所有算法都是在主频为 2.1 GHz 的 Intel Xeon 银牌 4116 CPU 上运行，辅以 64 GB 的内存和两个 NVIDIA RTX2080Ti GPU（11 GB 帧缓冲区），软件使用 Pytorch 深度学习框架（版本 1.2）。

4.5.2 评价指标

首先假设查询集中的每艘船舶都从图库集中检索相似的船舶，本章使用累积匹配特性（CMC）、平均精度（mAP）和平均方向相似性（mAOS）作为 ReID 模型性能的评价指标，并将结果与当前最先进方法（SOTA）进行比较。

（1） 累计匹配性能（CMC）曲线

Rank-k 指标给出了检索结果中的最靠前的 Top-k 张图像（按置信度由高到低排序）中包含正确结果的概率[149]，即命中率，典型的有 Rank-1、Rank-5、Rank-10 和 Rank-20 等。CMC 曲线则是从 Rank-k 的值中提取的，常用作闭集检验的评价指标。假设在由 Q 条船舶组成的查询集上执行检索和排序操作，每个查询的排序结果用 $k = (k_1, k_2, ..., k_Q)$ 表示，则 CMC 可以定义为：

$$\mathrm{CMC}(\mathcal{K}) = \frac{1}{Q}\sum_{i=1}^{Q}\begin{cases} 0, & k_i > \mathcal{K} \\ 1, & \text{others} \end{cases} \tag{4-15}$$

（2） 平均精度均值（mAP）

单类别的平均精度（AP）由精度召回曲线（P–R）和坐标轴所包围的区域给出[149]。对于每个查询 q，AP 可以通过以下公式计算：

$$\mathrm{AP}(q) = \sum_{k=1}^{N} P(k) \times \Delta r(k) \tag{4-16}$$

其中 N 为测试集中的图像总数，$P(k)$ 表示能够识别第 k 个图像的精度，并且指示从 k-1 到 k 识别的图像数量的召回值变化。对于总计 Q 个查询，mAP 由以下公式给出：

$$\text{mAP}=\frac{1}{Q}\sum_{q=1}^{Q}\text{AP}(q) \tag{4-17}$$

（3） 平均方向相似度（mAOS）

此处直接使用文献[157]中定义的 mAOS 来评估本章所提出的视角估计模型的性能：

$$\text{mAOS}=\frac{1}{Q}\sum_{q=1}^{Q}\text{AP}(q)\times\frac{1+\cos(\Delta\varphi_q)}{2} \tag{4-18}$$

其中 $\Delta\varphi_q$ 是估计的方向和真值之间的角度差。

4.5.3 同当前最先进方法的对比

在 VesselID-539 数据集上，本小节将本章方法与几种主流重识别方法的性能进行比较，如 Baseline、EmbeddingNet、MDNet[153]和 IORNet[34]等。最终对比实验的统计结果如表 4-3 所示。

表 4-3 与其他最新方法相比的结果（%）

方法	损失函数	骨干网络	mAP	Rank-1	Rank-5	Rank-10	Rank-20
Baseline	Xent+TriHard	ResNet-50	65.7	55.9	83.0	88.0	90.7
EmbeddingNet	Xent+Triplet	ResNet-50	66.4	56.8	82.4	86.8	91.3
MDNet	ArcFace	VGGM_1024	52.3	42.8	66.8	—	—
IORNet	Xent+Triplet	ResNet-50	71.5	61.2	—	95.5	—
GLF-MVFL (Lite)	Xent+O-Quin	ResNet-50	72.7	58.6	87.0	92.3	95.1
GLF-MVFL	Xent+O-Quin	ResNet50-SE	74.9	61.4	89.6	95.0	98.0
GLF-MVFL (last stride=1)	Xent+O-Quin	ResNet50-SE	**78.1**	**64.2**	**91.0**	**96.4**	**98.9**

从表 4-3 可以看出，本章提出的 GLF-MVFL 方法取得了最佳的结果。与基线流程（Pipeline）结果相比，GLF-MVFL 的 mAP、Rank-1 和 Rank-5 分别增加了 9.2%、5.5%和 6.6%。值得注意的是，在将最后的步长从 2 修改为 1，即舍弃 ResNet-50 的最后一次下采样操作之后，mAP 和 Rank-1 的增益均有明显改善，相比原生的 GLF-MVFL，上述指标分别增加了 3.2%和 2.8%。此外，本章还额外定制了一个轻量级模型 GLF-MVFL（Lite），其主干网络使用与基线网络相同的 RestNet-50，以更好地验证 O-Quin

的效果。表 4-3 的结果还可以进一步看出，对 mAP 指标而言，GLF-MVFL（Lite）比基线方法高 7%，对于 Rank-1/5/10/20 也均有明显改善，这部分的增益主要归功于 O-Quin 的五元组损失。

4.5.4 可视化结果及分析

如图 4-9 所示，在本小节给出一些典型船舶重识别的可视化结果，通过其可以直观地看出 GLF-MVFL 模型的准确性。对于图 4-9 第一列的每个待查询图像，第一行展示的图片为使用 GLF-MVFL 模型的前 10 个检索结果，第二行为使用基线模型的检索结果，其中红色边框表示的是假阳性（FP）的错误识别结果。

图 4-9 VesselID-539 数据集中检索结果排名前 10（共 4 个查询图像）的展示

图 4-9 展示了 GLF-MVFL 模型中属于同一船舶 ID 但视角不同的前 10 个检索结果，相比之下使用基线方法获得的结果要略逊一筹。综上还可以进一步得出如下结论，同一船舶的特征可以使用本章所提出的 GLF-MVFL 模型聚类在一起，而最大限度弱化船舶朝向的影响。

4.5.5 消融实验及结果分析

（1）目标检测器的影响

下面使用 4.3.4 小节中描述的视角估计方法进一步测试 GLF-MVFL 模型，探讨是否具有进一步改进的空间。本小节分别使用 Faster R-CNN[179]、SSD[165]、YOLO v3（以 MobileNetv2 为骨干网络）和原生 YOLO v3 替换基于 EfficientNet 的 YOLO v3 检测器，并进行对比实验。实验结果如表 4-4 所示，其中使用每秒浮点运算量（FLOPS）和每秒帧数（FPS）来度量模型的复杂性和推断速度。

表 4-4 不同检测器的性能统计及船舶检测器的影响对比（%）

船舶检测							船舶重识别（V-ReID）			
检测器	骨干网络	mAP	mAOS	GFLOPs	参数量 (*M*)	FPS	mAP	Rank-1	Rank-5	Rank-10
Faster R-CNN	ResNet-101	75.2	77.6	98	64.3	5	73.8	59.5	88.3	93.6
SSD	MobileNetv2	41.2	57.5	**1.3**	22.1	59	55.5	44.7	66.4	70.4
YOLOv3	MobileNetv2	61.9	70.5	19.5	**9.3**	68	68.1	54.9	81.4	86.4
YOLOv3	Darknet53	55.3	61.6	65.7	59.2	46	59.4	47.9	71.1	75.4
YOLOv3	**EfficientNet**	**75.7**	**78.2**	18.6	19.3	56	**74.9**	**61.4**	**89.6**	**95.0**

表 4-4 的统计结果表明，在 VesselID-539 数据集上本章方法有效降低了时间复杂度（GFLOPs）和空间复杂度（即参数量, Params），从而在 mAP 和 FPS 之间做出了最佳的平衡。与原生的 YOLO v3 相比，关键的 mAP 和 mAOS 指标分别提高了 20.4% 和 16.6%，相应地在随后的 V-ReID 中给出了最优结果，如表 4-4 的右半边所示。表 4-4 的结果还表明，本章的视角估计方法具有较好的鲁棒性，能够与其它主流的检测器兼容，并且具有较好的可扩展性。通过表 4-4 的统计结果，还可以进一步推断得出 V-ReID 的 mAOS 和 mAP 两指标之间存在正相关的结论。

（2） 全局-局部融合的影响

为了全面评估前文提出的全局-局部融合机制的效果，本章分别去除全局-局部融合和注意力机制进行消融实验（Ablation study）。表 4-5 给出了本章方法和仅包含部分组件的其他三种检测方法的对比结果。

表 4-5 四种方法及其组合的对比结果（%）

方法	mAP	Rank-1	Rank-5	Rank-10	Rank-20
Partial Fusion	61.9	49.9	74.0	78.5	81.0
Global Only	66.9	53.9	80.0	84.9	87.5
Global+Partial	74.2	59.8	88.7	94.1	97.0
Global+Partial+Attention	**74.9**	**61.4**	**89.6**	**95.0**	**98.0**

表 4-5 的对比结果表明，将局部特征与全局特征相结合并辅以注意力机制，mAP 和 Rank-1 分别提高到 74.9%和 61.4%，明显领先于其他三种方法。Global+Partial 的组合方法，与仅使用 Global 的方法相比有较大的涨点，特别是 Rank-20 的涨点为 9.5%。对于本章提出的整体框架（Global+Partial+Attention），其增益主要来自于细粒度局部特征的提取和通道注意力机制的嵌入。与此同时表 4-5 的统计结果还可以直观看出，与仅使用全局特征相比，全局和局部融合机制表现出了更优的特征判别性能。

（3） 不同图像分辨率的影响

为评估输入图片尺寸对 mAP 和 CMC 等指标的影响，本小节使用不同分辨率进行实验。表 4-6 依次给出使用 64 × 196、128 × 256，一直到 256 × 768 像素等典型分辨率下的实验结果。

表 4-6 不同分辨率的影响（%）

输入图像尺寸	mAP	Rank-1	Rank-5	Rank-10	Rank-20
64×196	66.7	53.9	83	90.6	95
128×256	71	58.5	87.2	94	96.9
128×384	72.1	59.9	87.3	91.9	94.8
256×384	74.9	61.4	**89.6**	**95.0**	**98.0**
256×768	**75.9**	**65.7**	88.6	93.7	96.7

从表 4-6 可以直观看出，当输入图像大小依次从 64 × 196 提升为 256 × 384 时，各项指标均有所改善，特别是对于 mAP 和 Rank-1，比 64 × 196 尺寸的输入图片分别提高了 8.2%和 7.5%。通过以上数据可以得出如下结论：更高的分辨率可以提高性能，但也存在瓶颈，表 4-6 最后一行可以看出，当分辨率进一步提高到 256 × 768 时，mAP 没有明显改善，Rank-5、Rank-10 和 Rank-20 等指标反而有了下降趋势。综合考虑以上因素，将本章后续其它实验的图像输入尺寸统一调整（Resize）为 256 × 384（保持高宽比为 2: 3 不变）。

（4） 主干网络的影响

如上所述，为确保不同骨干网络之间对比的公平性，本小节将所有图像的大小调整为 256 × 384，以便在 VesselID-539 数据集上将 GLF-MVFL 模型与其他主流的骨干网络模型（如 ResNet-34/50/101/152、DenseNet[177]和引入 SE 模块的 SE_DenseNet 等）进行比较。

表 4-7 不同主干网络的性能评估结果（%）

骨干网络	mAP	Rank-1	Rank-5	Rank-10	Rank-20	参数量 (Millions)	GFLOPs
ResNet-34	67.7	55.6	81.6	89.7	94.8	21.8	7.2
ResNet-50	72.6	60.5	88.7	94.1	97.0	25.6	8.1
SE_ResNet-50	**74.9**	61.4	**89.6**	**95.0**	**98.0**	25.6	8.8
ResNet-101	71.1	59.4	85.7	92.0	95.9	44.5	15.4
ResNet-152	72.4	61.0	85.9	91.4	94.5	60.2	22.7
DenseNet-121	73.7	62.1	89.3	94.9	96.8	**8.0**	**5.7**
SE_DenseNet	73.7	**62.3**	89.4	94.8	96.9	**8.0**	6.2

从表 4-7 可以看出，SE 和 ResNet-50 的联合使用效果显著，相比单独的 ResNet-50，mAP 增加了 2.3%。相比之下，SE 和 DenseNet 的结合只带来了相当小的改进，这一结果的原因是 SE 降低了 ResNet 的冗余度，使得内部结构更加多样化，而 DenseNet 本身已具备较高的密集度很难再进一步优化。

综合以上的实验结果，本章提出的 GLF-MVFL 模型在不使用任何时序信息（如 RNN）和不需要额外重新排序的情况下，在船舶重识别领域取得了领先的成果。实验结果表明不同的检测器对船舶重识别有显著影响，因此使用一个专门设计的检测器来估计视角比与当前检测模块共用一个检测器更可取。此外，以上的实验结果也证明了本章所建立的船舶重识别框架具有一定的普适性。

4.6 本章小结

本章提出了一个融合全局和局部特征的船舶重识别模型，该模型将度量学习和表征学习相结合，并在模型训练时融合了全局和局部特征。实验结果表明，通过学习具有视角感知力的度量，使得模型具备准确地从船舶图像提取出判别特征的能力，这种能力使得 GLF-MVFL 模型与已有方法对比，在船舶重识别领域表现出当前最佳的性能。本章还进行了消融实验，分析并总结了 GLF-MVFL 模型的每个构件对框架总体性能的贡献。本章构建的 VesselID-539 数据集填补了船舶重识别领域大型数据集缺失的空白，并且具有场景多样、标注完备和属性丰富等特点，使得其除了用于船舶重识别外，还可用于其他类型的海上视觉感知任务，如细粒度船舶分类等。未来的研究工作将集中于以下两个方面：一是利用这一新方法来定位未经标注的辨别特征，并将船舶重识别与海上集成监视的 MTMC 跟踪相结合；二是将可见光图像与红外图像、AIS 或导航雷达的一次视频回波相结合，实现海面船舶目标的跨模态重识别。此外，鉴于目前缺乏其他可用于海面船舶重识别的大规模数据集，因此需要等待更多的船舶重识别数据集的提出，以进一步评估本章所提出模型的泛化性能。

第五章 基于多模型多线索的船舶目标检测后跟踪

对于水面无人船（USV）而言，实时地检测并跟踪周围船舶是实施海上避碰决策的关键。然而恶劣的海上环境给其上的多目标跟踪（MOT）带来了巨大的挑战。本章提出了一种基于多模型多线索（M^3C）流程（Pipeline）的检测跟踪框架，旨在提高海洋环境下周围船舶的检测跟踪性能。在多模型 Pipeline 中，采用带注意力机制的门控递归单元（GRU）模型预测目标船舶的机动概率，并将它们各自的输出融合作为运动学滤波器的输出。在数据关联阶段，本章提出一个考虑 USV 船舶本体运动、目标船舶外观和姿态等多线索的混合关联模型。本章研究过程中利用第四章所提出的船舶重识别范式和构建的 VesselID-539 数据集，通过训练使得跟踪器具有通过度量学习进行外观匹配的能力。在 SMD 和 PETS2016 两个公开海事数据集上的实验结果表明，本章所提出的方法不仅在批号（ID）切换次数（IDSw，跟踪过程中目标航迹改变 ID 的次数）方面，而且在帧率（Frames per second, FPS）方面也取得了较为先进的性能。

5.1 引 言

水面无人船（USV）作为一种海上智能机器人，能够在海洋环境中独立航行和执行特定任务。为了达到预期的结果，需要对周围环境进行可靠的感知和准确的理解，首先是要具有实时检测和跟踪周围船只的能力。传统的有人驾驶船舶，这些安全攸关的数据主要是来自导航雷达、声纳、毫米波雷达等传感器，但这些对于 USV 而言远远不够,因为雷达和声纳都有最小作用距离的限制，而按照国际海事组织（IMO）的规定，船舶自动识别系统（AIS）仅被强制要求安装在所有客轮以及国际航运重量超过 300 总吨以及非国际航运 500 总吨以上的船舶上[14]。不仅如此，诸如导航雷达、声纳等传统的船载传感器在特定的范围内都存在一定的盲区，而这往往恰是自主航行特别是近程反应式危险规避需要重点关注的区域，本章将单目视觉传感器(可见光摄像机）升级为主设备期待弥补这一缺陷。

统计数据表明[180]，约 80%的船舶互撞和撞桥事故与人为因素有关。随着深度学习和计算机视觉受到越来越多的关注，研究人员致力于利用视觉技术更加直观地执行船舶的检测、分类和跟踪等航行态势感知任务。以上任务不仅要考虑到避碰过程中目标船舶随时可能会出现的加速或转弯等机动行为（指航迹向角或/和航速具有一定数量或幅度的改变过程，即存在一定的加速度或转向速率时），同时也必须考虑到复杂多变的海洋环境，如USV本体的纵横摇、光照的变化以及可能的遮挡等因素，给海洋环境下的船舶检测与跟踪研究带来的巨大挑战。

本章的主要贡献总结如下：首先，本章提出一种带注意力机制的门控循环单元（GRU-attention）的多模型（Multi models, MM）滤波方法，并利用目标船舶历史状态时间序列来驱动GRU循环神经网络，对周围船只的机动性进行判决和识别；然后，提出了一种考虑长期和短期线索的多线索（Multi cues, MC）数据关联方法；最后，将海上船舶的检测后跟踪问题视为典型的移动摄像头运动目标跟踪问题，利用第四章提出的船舶重识别（V-ReID）方法，使用度量学习确定后续的视频帧中是否含有同一船舶。据本书作者所知，本章研究首次将门控循环注意力机制引入到周围船舶的机动判决中；同时也在该领域率先引入V-ReID来解决船舶检测与长时跟踪过程中因摄像机运动、外观变化、遮挡甚至运动模糊而导致的ID切换（IDSw）问题。

本章其余部分安排如下：5.2节介绍了基于深度学习的通用物体检测和跟踪领域的工作；5.3节介绍了基于多模型多线索（Multi models and multi cues, M^3C）的检测后跟踪框架以及具体的算法；在5.4节中，评估了M^3C在新加坡海事数据集（Singapore maritime dataset, SMD）[14]和PETS 2016 海事数据集[15]上的性能。最后在5.5节给出本章主要结论并对后续的研究工作进行展望。

5.2 深度学习背景下的通用物体检测和跟踪技术

5.2.1 基于深度学习的通用物体检测

第二章介绍的卷积神经网络（CNN）作为一种新型的神经网络结构，在人工智能尤其是计算机视觉领域发挥着越来越重要的作用。基于CNN实现的检测器大致分为两类：两阶段（Two-stage）和单阶段（One-stage）的目标检测。两阶段检测方法首先从图像中提取特征，然后生成建议区域，进而执行分类任务，最后完成定位回归任务。典型算法包括具有基于候选区域的卷积神经网络（Region based CNN, R-CNN）、Fast/Faster R-CNN[179]、R-FCN[98]、ThunderNet[181]和CPNDet[185]等。单阶检测器则省去了两阶段方法中生成建议区域的任务，典型的框架有单阶多框检测器（Single shot multibox detector, SSD）[182]、“你只需看一次”系列 YOLO v1/v2/9000/v3/v4[74,132]等。鉴于上述明显差异，两种方法在性能上也有不同，两阶检测器在检测准确率和定位精度上占优，而单阶检测器在算法速度上具有显著优势。近年来，无锚框（Anchor-free）的目标检测方法逐渐流行起来，他们另辟蹊径使用关键点（如边界框的角点或中心点）等进行目标检测，或者直接根据提取的特征预测目标可能出现的边框，而放弃使用需要具备启发性先验信息的锚框[183,184,185]，同样取得了较为先进（SOTA）的效果，典型算法有 CenterNet[186]、FCOS[187]、DetectoRS[189]和 HoughNet[190]等。

5.2.2 基于深度学习的通用目标跟踪

根据目标跟踪过程中检测器和跟踪器的交互方式，将目标跟踪算法分为先检测后跟踪（Tracking by Detection, TbyD）和检测前跟踪（Tracking before detection, TbeD）[191]，其中 TbyD 是目前最常见的多目标跟踪框架之一。如图 5–1 所示，检测后跟踪框架通常包括两个阶段，即检测和跟踪：在第一阶段有预先训练好的目标检测器给出检测假设；第二阶段则在时间轴上将前述的检测假设关联以形成连续且稳定的目标航迹。检测为后续的跟踪提供了坚实的基础，本书工作建立在当前先进的单阶检测器——YOLO 的基础上，重点专注于上游跟踪技术的研究。

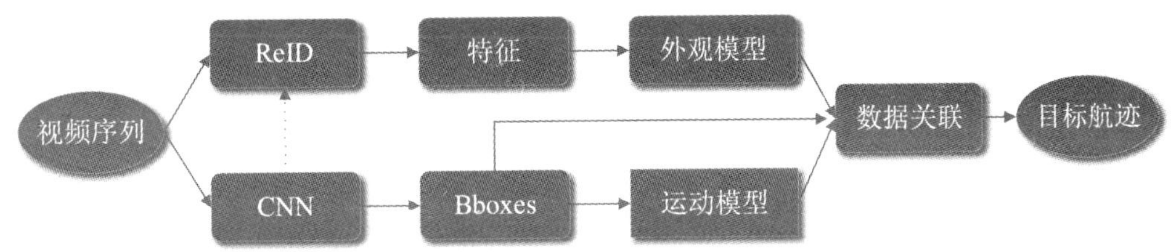

图 5–1 典型的检测后跟踪流程框图

前人的研究结果表明 TBeD 可以有效地检测出海面弱小目标，其在雷达和红外图像处理中得到了广泛的应用[192]。在计算机视觉特别是在可见光的视觉处理流程中，人们对联合检测和跟踪（Jointly detection and tracking, JDT）方法更为关注：如 Gordon 等人提出了一种基于递归神经网络的实时通用跟踪器[193]；Bae 等人提出了一种结合跟踪轨迹片段（Tracklet）置信度和深度外观特征学习的在线跟踪框架[194]；Arandjelović 等人应用多视图的表观特征来跟踪和识别无人机视频序列中的车辆[195]；Zhou 等人将基于目标边界框（Bbox）中心点的跟踪与联合检测跟踪结合起来[196]，并通过简单的中心偏移量预测进行跨时间的目标关联，显著降低跟踪的复杂性。类似地，FairMOT[197]也将检测器替换为无锚框的方法。

如前文所述，目标重识别是图像检索的子课题，其目的是从多个不相交的摄像机中识别出同一个目标，或者实现在不同时刻从同一摄像机中匹配出同一个目标。在利用重识别技术来提高目标跟踪性能方面，目前的研究成果大多集中在行人[198, 199]或车辆[153, 210]上，鲜有使用 ReID 技术进行海上无人船周围船舶检测和跟踪成果的报道。

5.3 多模型多线索检测后跟踪方法

如图 5-2 所示，本章提出的 M^{3}C 检测后跟踪框架由 8 个模块组成，分别为视频稳像、检测器、GRU+注意力、数据关联、多模型滤波、航迹管理、多线索和船舶重识别等模块，其中视频稳像模块直接使用文献[201]中介绍的稳像算法，4 个蓝色底纹的模块是本章研究的重点，它们与其他 4 个绿色底纹模块之间的交互关系将在下文详细讨论。

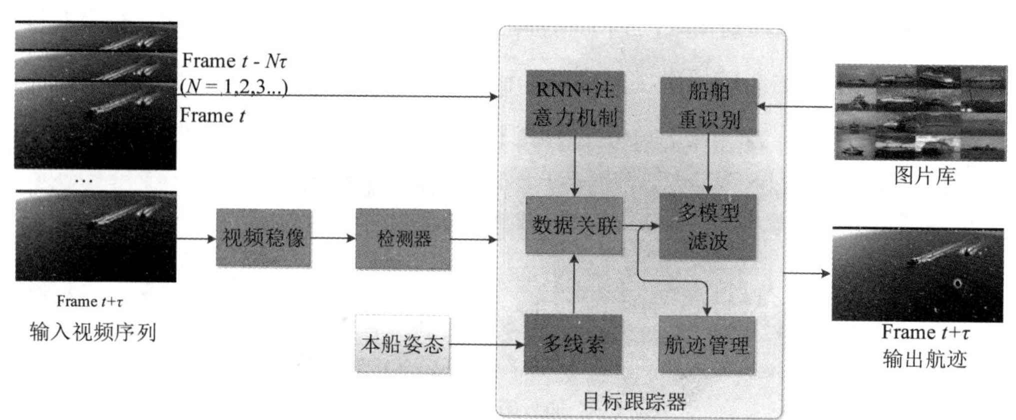

图 5-2 M^{3}C 检测后跟踪体系结构

5.3.1 基于 YOLO 的目标检测器

YOLO v3 是当前最先进的基于 CNN 的通用目标检测器之一[132]，它将目标的检测和分类视为回归问题解决。通过对检测到的目标进行位置回归和分类，只需对每帧图像进行一次查看，就可以得到目标的边界框和类别。YOLO v3 在三种不同的尺度进行预测，如当输入 608×608 像素图像时，分别在 19×19、38×38 和 76×76 的尺度上执行检测。基于 YOLO v3 单阶段检测算法，本文设计出一种针对海上船舶目标的检测器，该检测器的网络结构如图 5-3 所示。

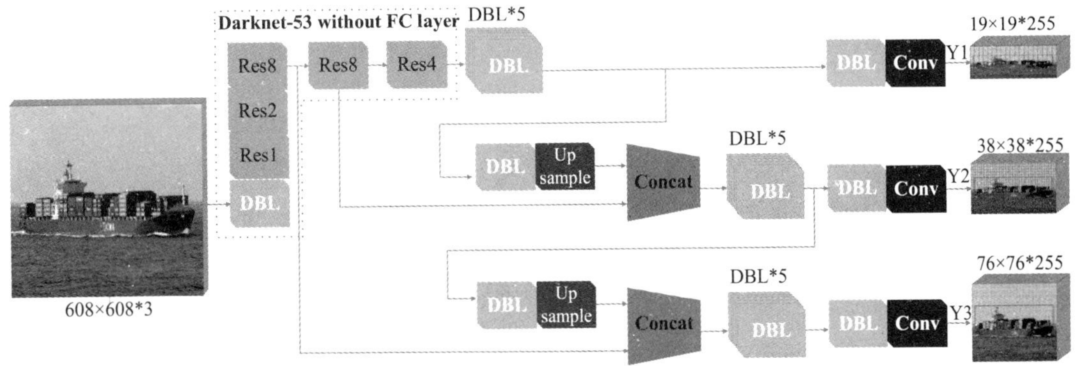

图 5-3 基于 YOLOv3 的检测器网络结构

图 5-3 中，Darknetconv2d_BN_Leaky（DBL）是检测器的基本组件，其由卷积层（Conv）、批量规范化（BN）和带泄露的修正线性单元（Leaky ReLU）构成。

5.3.2 检测后跟踪范式中的多模型

本小节利用基于门控循环单元（Gated recurrent units, GRU）的循环神经网络，根据缓存的目标船舶历史轨迹，同步将船舶本体的姿态信息考虑进来，并将周围船舶目标的机动预测转换为对各候选模型在下一时刻的匹配概率估计。

（1） 海面船舶运动模型

参照经典的船舶运动学模型[202]，本章预先定义三种二维海平面船舶最常见的运动方式作为可能的候选模型，并分别命名为近匀速运动（Constant velocity, CV）、近常加速度运动（Constant acceleration, CA）和近曲线运动（Curvilinear motion, CM）模型。

CV 模型用于描述在二维平面上以近似恒定速度并做直线运动的目标，该模型中用来刻画船舶动态特性的状态向量由两个要素构成：目标中心的像素位置 (x, y) 和速度 $(\dot{x}, \dot{y})$（即 t 时刻的状态向量可以用 $X_{\mathrm{CV}}(t) = \begin{bmatrix} x_t & \dot{x}_t & y_t & \dot{y}_t \end{bmatrix}^T$ 来表示，且加速度的变化率满足条件 $\ddot{x} = 0, \ddot{y} = 0$）。将当前时刻的目标状态方程建模如下：

$$X_{\mathrm{CV}}(t+\tau)=F_{\mathrm{CV}}(t)X_{\mathrm{CV}}(t)+G_{\mathrm{CV}}(t)v(t) \tag{5-1}$$

式（5-1）中，τ 表示当前测量和先前测量之间的时间间隔，$v(t)=[v_x,v_y]^T$ 是过程噪声向量。CV 的转移矩阵 $F_{\mathrm{CV}}(t)$和过程噪声分布矩阵 $G_{\mathrm{CV}}(t)$分别表示如下：

$$F_{\mathrm{CV}}(t)=\begin{bmatrix}1&0&\tau&0\\0&1&0&\tau\\0&0&1&0\\0&0&0&1\end{bmatrix},\ G_{\mathrm{CV}}(t)=\begin{bmatrix}0.5\tau^2&0\\0&0.5\tau^2\\\tau&0\\0&\tau\end{bmatrix} \tag{5-2}$$

通常 CA 模型用来描述以近似恒定加速度运动的船舶。船舶状态向量由位置(x,y)、速度$(\dot{x},\dot{y})$和加速度$(\ddot{x},\ \ddot{y})$三个分量组成，加速度的变化率满足条件$\dddot{x}=0$，目标状态方程与式（5-1）相同，但状态向量为$X_{\mathrm{CA}}(t)=[x_t\quad \dot{x}_t\quad \ddot{x}_t\quad y_t\quad \dot{y}_t\quad \ddot{y}_t]^T$。CA 的转移矩阵 $F_{\mathrm{CA}}(t)$和过程噪声分布矩阵 $G_{\mathrm{CA}}(t)$分别表示如下：

$$F_{\mathrm{CA}}(t)=\begin{bmatrix}1&\tau&0.5\tau^2&0&0&0\\0&1&\tau&0&0&0\\0&0&1&0&0&0\\0&0&0&1&\tau&0.5\tau^2\\0&0&0&0&1&\tau\\0&0&0&0&0&1\end{bmatrix},\ G_{\mathrm{CA}}(t)=\begin{bmatrix}0.5\tau^2&0\\\Delta t&0\\1&0\\0&0.5\tau^2\\0&\tau\\0&1\end{bmatrix} \tag{5-3}$$

CM 模型以 CV 和 CA 为基础，描述了船舶在转弯状态下的曲线（抛物线状）的运动轨迹。CM 的特点是其速度方向一直在变，因此需要实时估计转向率 ω，并将状态向量扩展为$X_{\mathrm{CM}}(t)=[x_t\quad \dot{x}_t\quad y_t\quad \dot{y}_t\quad \omega]^T$。转移矩阵 $F_{\mathrm{CM}}(t)$和过程噪声分布矩阵 $G_{\mathrm{CM}}(t)$分别如下：

$$F_{\mathrm{CM}}(t)=\begin{bmatrix}1&\omega^{-1}\sin\omega\tau&0&\omega^{-1}(\cos\omega\tau-1)&0\\0&\cos\omega\tau&0&-\sin\omega\tau&0\\0&\omega^{-1}(1-\cos\omega\tau)&1&\omega^{-1}\sin\omega\tau&0\\0&\sin\omega\tau&0&\cos\omega\tau&0\\0&0&0&0&1\end{bmatrix},\ G_{\mathrm{CM}}(t)=\begin{bmatrix}0.5\tau^2&0&0\\\tau&0&0\\0&0.5\tau^2&0\\0&0&0\\0&0&1\end{bmatrix} \tag{5-4}$$

（2） 基于 GRU 注意力的编码-解码器模型

本章提出的 M³C 框架，在运动滤波过程中采用多模态加权方法以匹配目标的机动运动，主要任务为估计出每个预设候选模型的匹配概率并进一步预测船舶的当前状态。为此，采用基于 GRU[109]的注意力模型来提高预测性能。第二章中介绍的长短期记忆（LSTM）网络是为了解决传统递归神经网络（RNNs）随着时间间隔增加而产生的长期依赖问题[108]；经过适当的训练后，LSTM 可以记住关键的数据而选择性地遗忘不重要的数据。GRU 是在 LSTM 的基础上通过减少门的数量和移除所有的存储单元改进而来，其最后只保留了重置门和更新门，在降低计算成本的同时保持着和 LSTM 类似的效果。典型的 GRU 网络结构如图 5-4 所示：

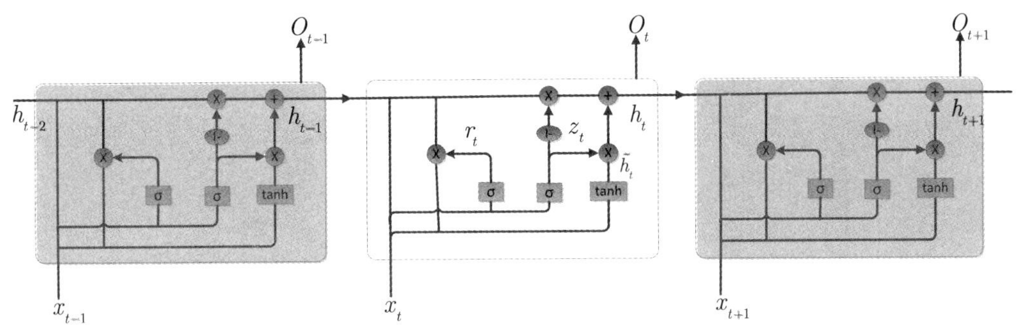

图 5-4 典型的 GRU 神经网络结构

图 5-4 中的 $O_t(h_t)$为 t 时刻的输出；r_t表示重置门，决定如何组合当前输入和存储的历史信息；z_t是更新门，决定从历史状态中保留信息的比例。GRU 的前向传播公式定义如下：

$$
\begin{aligned}
z_t &= \sigma(w_z \cdot [h_{t-1}, x_t] + b_z) \\
r_t &= \sigma(w_r \cdot [h_{t-1}, x_t] + b_r)
\end{aligned}
\tag{5-5}
$$

其中 x_t为 t 时刻的输入向量，σ 表示激活函数，w_z, w_r是权重矩阵，h_{t-1}表示前一时刻隐藏的激活值，b_z, b_r则是偏差向量。t 时刻隐藏节点的激活值 h_t和候选激活值 $\tilde{h}_t$ 分别计算如下：

$$
\begin{aligned}
\tilde{h}_t &= \tanh(W \cdot [r_t \otimes h_{t-1}, x_t] + b_h) \\
h_t &= (1 - z_t) \otimes h_{t-1} + z_t \tilde{h}_t
\end{aligned}
\tag{5-6}
$$

其中的⊗表示逐元素的相乘。

如前文所述，根据切向加速度或法向加速度，海面船舶的曲线运动模型可分为三个子模式：CV、CA 和 CM，三者的共存和切换时间的不确定性导致了对齐难题。传统的基于 LSTM/GRU 的编码-解码方法对此类问题无能为力，因此本书没有将整个序列编码成一个整数向量，而是引入了一个注意力模型将每个子序列编码成一个上下文向量。通过训练引导注意力模型有选择地关注所有信息中的重要部分，而忽略其他的次要信息，进而充分利用各子模式生成更为准确的预测结果。

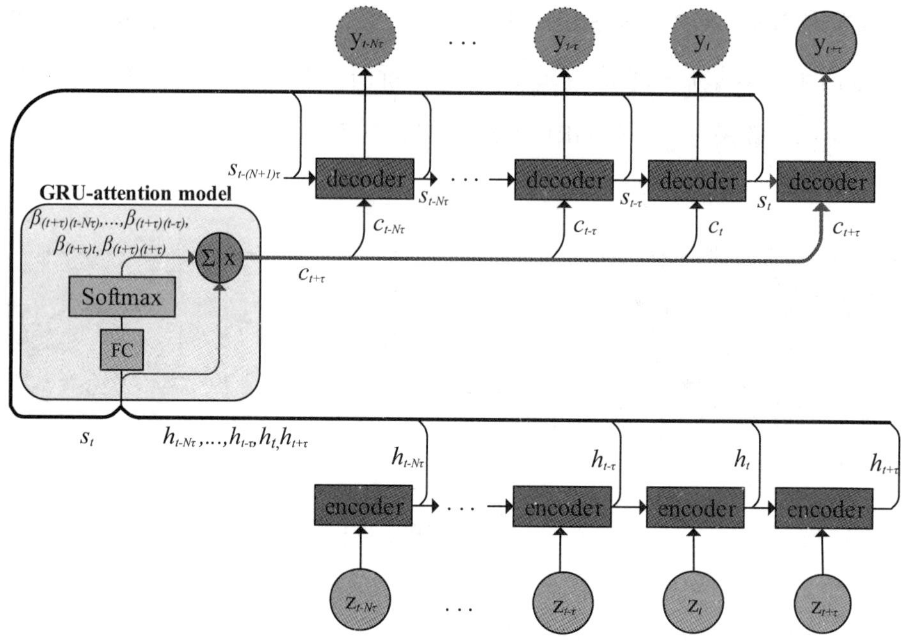

图 5-5 GRU 编码-解码器的改进框架

如图 5-5 所示，GRU 注意力模型的输入为以滑动窗口方式存储的时间序列向量，该向量描述了周围船舶在一定时间间隔内的历史量测信息，输出则为每个候选模型与目标船舶的当前运动状态相匹配的概率。实现时将注意力模型嵌入编码器和解码器之间，并通过全连接网络（FC）和 Softmax 交叉熵损失函数学习得到注意力权重 $c_{t-N\tau},\dots,c_{t-\tau},c_t,c_{t+\tau}$；其中 $h_{t-N\tau},\dots,h_{t-\tau},h_t,h_{t+\tau}$ 表示编码器输出向量，并以解码器的状态向量 $s_{t-N\tau},\dots,s_{t-\tau},s_t,s_{t+\tau}$ 作为注意力模型的输入序列。假设要估计 t 时刻周围船舶的机动性能，输入序列为 $z_{t-N\tau},\dots,z_{t-\tau},z_t,z_{t+\tau}$，上下文向量表示为编码器输出向量 $h_{t-N\tau},\dots,h_{t-\tau},h_t,h_{t+\tau}$ 的加权和，其中权重 $c_{t-N\tau},\dots,c_{t-\tau},c_t,c_{t+\tau}$ 可以通过下式计算：

$$c_i=\sum_{j=t-N\tau}^{t+\tau} h_j\beta_{ij} \tag{5-7}$$

其中 β_{ij} 是待学习的注意力权重，通过以下公式计算得到：

$$\beta_{ij} = \frac{\mathrm{Exp}(e_{ij})}{\sum_{k=t-N\tau}^{t+\tau} \mathrm{Exp}(e_{ik})}\ ,\ \text{s.t.} \sum_{j} \beta_{ij} = 1 \tag{5-8}$$

$$e_{ij} = \mathrm{FC}(s_{i-1}, h_j) \tag{5-9}$$

（3） 多模型滤波

为满足海面运动船舶的跟踪需要，本小节首先定义一个共包含 N 个候选模型的模型集合 $\mathcal{M} = \{m_i\}_{i=1,2,\cdots,N}$。假设在 t 时刻已经获得了历史累积量测向量，基于条件概率理论，第 i 个模型 m_i 的状态估计 $\mathcal{Y}_i^{(t+\tau)}$ 可由以下公式计算得到：

$$\begin{aligned} \hat{\mathcal{Y}}_i^{(t+\tau)} &= \mathbb{E}(\mathcal{Y}^{(t+\tau)} \mid m_i^{(t+\tau)}, Z) \\ &\triangleq \mathcal{Y}^{(t)} + K^{(t)}[X(t+\tau) - F(t+\tau)\mathcal{Y}_i^{(t)}] \end{aligned} \tag{5-10}$$

式（5-10）中使用 $K^{(t)}$ 表示卡尔曼滤波器的增益因子，初始时刻的先验概率定义为 $m^{(t)} \triangleq P(m^{(t)} \mid Z^{(0)}) = \psi^{(t)}(0)$，且满足和为 1 的条件，即 $\sum_{t=1}^{N} \psi^{(t)}(0) = 1$。

如图 5-4 所示，$Z = \{z_{t-N\tau} \ \dots \ z_{t-\tau} \ \ z_t \ \ z_{t+\tau}\}$ 作为输入序列，它表示截止到 t 时刻的累计量测值，其中 $z_j = [u_j, v_j, h_j, \gamma_j, \dot{h}_j, \dot{\gamma}_j, \dot{x}_j, \dot{y}_j, \rho_j, \upsilon]^T$ 分量表示 j 时刻的状态参数，分别解释如下：(u, v)是边界框的中心坐标，h 是边界框的高度，γ 代表边界框的比率，$\dot{h}_j, \dot{\gamma}_j$ 为速度，$(\dot{x}_j, \dot{y}_j)$是二维平面上沿 x 轴和 y 轴的速度，ρ 表示 USV 本体纵摇和横摇的均方根值，υ 表示目标船舶的类型。

通过计算各模型的匹配似然概率值并对多个模型进行加权求和，目标船舶的运动状态表示如下：

$$\begin{aligned} \hat{\mathcal{Y}}^{(t+\tau)} &= \mathbb{E}[\mathcal{Y}^{(t+\tau)} \mid Z] \\ &= \sum_{i=1}^{N} \hat{\mathcal{Y}}_i^{(t+\tau)} P(m_i \mid Z) \end{aligned} \tag{5-11}$$

相应将协方差矩阵的估计误差定义为：

$$\mathcal{P}(t+\tau) = \sum_{i=1}^{N} \mathbb{P}(m_i \mid Z)\{\mathcal{P}_i(t+\tau) + [\hat{\mathcal{Y}}_i^{(t+\tau)} - \hat{\mathcal{Y}}^{(t+\tau)}][\hat{\mathcal{Y}}_i^{(t+\tau)} - \hat{\mathcal{Y}}^{(t+\tau)}]^T\} \tag{5-12}$$

式（5-12）中，后验概率 $P(m_i \mid Z)$可从 GRU 注意力模型的 Softmax 层计算得到，并将其作为单个模型的输出：

$$\mathbb{P}(m_i \mid Z) = \frac{\operatorname{Exp}(m_i)}{\sum_{k=1}^{N} \operatorname{Exp}(m_k)} \tag{5-13}$$

（4）优化目标函数

采用自适应矩估计（Adaptive moment estimation, Adam）算法作为优化器，交叉熵作为损失函数。假设 Θ 表示待训练 GRU 模型的参数集，则损失函数定义如下：

$$\mathcal{L}(\Theta) = -\frac{1}{N}\sum_{i=1}^{N} m_i Log(h_\Theta(m_i)) + (1-m_i) Log(1-h_\Theta(m_i)) \tag{5-14}$$

5.3.3 数据关联中的多线索

在数据关联过程中，本章提出一种基于多线索的混合亲和力模型来评估检测到的船舶与现有轨迹之间的相似性，该模型既包含长期线索，也包含短期线索。将外观特征视为一个长期的线索，同时短期线索包括周围目标船舶的运动测量信息和 USV 本体的实时姿态，如纵摇和横摇角。在进行数据关联算法之前，本章提出使用自适应的外观关联波门来确认测量的有效性。

（1） 自适应外观关联波门

经典的相机模型已被广泛应用到三维透视图中[203]，考虑到目标在图像中的高度，它假设所有感兴趣的目标都驻留在水平面上。对于在海面航行的船舶，这与上述假设相吻合，为简化模型本章忽略航行中洋流、风浪等外界因素的影响，并进一步假设船舶的首向角与其航向一致。

假设摄相机模型 Θ 由以下参数组成：焦距 f_Θ、高度 h_Θ、摄相机倾斜角度 ψ_Θ、绝对速度 v_Θ、图像中心 μ_c、水平位置 υ_c 和三维位置(x_Θ, z_Θ)，相应地将其上的投影 f 定义为：

$$\tilde{Z} = \begin{bmatrix} R(\psi_\Theta) & 0 \\ 0 & 1 \end{bmatrix} Z + \begin{bmatrix} x_\Theta \\ z_\Theta \\ 0 \end{bmatrix}, X = f(\tilde{Z}) = \begin{bmatrix} \frac{f_\Theta x_Z}{z_Z} + u_c & \frac{f_\Theta h_\Theta}{z_Z} + v_c & \frac{f_\Theta h_Z}{z_Z} \end{bmatrix}^T \tag{5-15}$$

其中 $X=[\mu,\nu,h]$表示船舶在图像平面中的中心坐标和高度，而 $\tilde{Z}$ 表示其在当前摄相机坐标系中的位置。根据文献[204]中得出的船舶图像大小与 y 轴图像位置之间呈简单线性关系的结论，可以很容易地估计出船舶在图像中的大小比例以及位置偏移。

当目标船舶以径向 USV 本体摄像机的方式运动时，成像区域上的边界框逐渐变大，反之亦然。假设当前目标船舶的边界框中心位于图像的二维坐标系(x, y)下，其中心 x_0 和 y_0 将整幅图像分成四个象限，每个象限都是一个候选区域。考虑到当前 USV 本体纵摇和横摇的方向，图 5-6 给出 4 种可能情况的讨论。

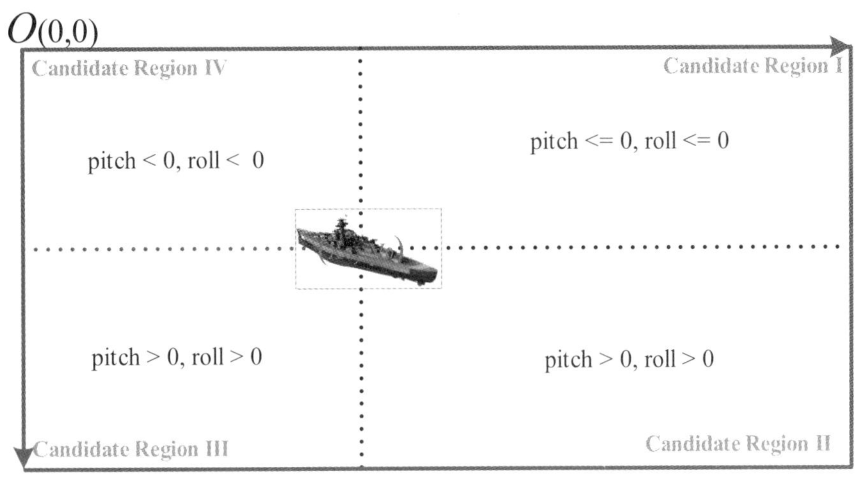

图 5-6 外观自适应的相关波门示意图

（2）长期线索

由于波浪、风和洋流等环境因素的影响，海面船舶的运动呈六自由度，要比地面上的车辆和行人复杂得多。船载摄像机姿态也会随着 USV 本体的运动而变化，例如沿 x, y, z 轴的移动（纵荡—surge、横荡—sway 和垂荡—heave）和相应的旋转运动（横摇—roll、纵摇—picth 和艏摇—yaw），严重时会导致目标间歇地从摄影机视野中消失。海面上的这些剧烈变化需要从相邻的帧中甚至在跨多帧视频序列中，将它们外观相似性的度量作为长期的线索来重识别检测到的每一艘船舶目标。

本章在第四章构建的包含 539 艘船舶和近 15 万张图像的数据集 VesselID-539 的基础上，使用文献[153]提出的 MDNet 网络构建一个轻量级的船舶 ReID 模型。与第四章类似，通过训练寻找一个从图像空间到特征空间的最优映射。假设输入是三元组 $\{< \mathcal{I}_a, \mathcal{I}_p, \mathcal{I}_n >\}$，分别表示锚定图像、正样本图像和负样本图像。$< \mathcal{I}_a, \mathcal{I}_p >$是属于同一船舶的正样本对，而负样本对$<\mathcal{I}_a,\mathcal{I}_n>$则由来自不同船舶 ID 的图像组成。利用特征向量之间的归一化余弦相似度来度量距离，如$\mathcal{D}_{a,p}$和$\mathcal{D}_{a,n}$，并引导网络朝着推开正负样本对的方向进行训练。通过改进的三元组损失函数确保能够拉近正样本对之间的距离，损失函数如下式所示。

$$\mathcal{L}(\mathcal{I}_a,\mathcal{I}_p,\mathcal{I}_n) = \sum^{N}\left[\mathcal{D}_{a,p}+\max(\mathcal{D}_{a,p}-\mathcal{D}_{a,n}+\lambda,0)\right] \tag{5-16}$$

其中λ为预设的训练间隔参数。

（3） 数据关联和融合方法

受文献[205]启发，在数据关联阶段，本章采用启发式的模拟退火算法来解决指派问题[206]。假设在k时刻有D个检测器和T个轨迹等待匹配，并且$\mathcal{D}=\{d_1,d_2,\cdots,d_D\},\mathcal{T}=\{t_1,t_2,\cdots,t_T\}$，$\mathcal{G}^{(k)}$是自适应关联波门集合，$\mathcal{F}^{(k)}$表示跟踪波门集合，其由使用 MM 滤波的跟踪器预测坐标生成的矩形区域组成的。定义第i个轨迹片段（Tracklet）的预测与第j个检测器之间的关联成本矩阵如下：

$$C^{(k)}(i,j)=\begin{cases}c^{(k)}(\hat{t}_i,d_j), & \text{if } d_j^{(k)}\bigcap\mathcal{G}_i^{(k)}\neq\varnothing \text{ or } d_j^{(k)}\bigcap\mathcal{G}_i^{(k)}\neq\varnothing\\ \infty, & \text{otherwise}\end{cases} \tag{5-17}$$

式（5-17）中，$c(\hat{t}_i,d_j)$是第j个检测器落入与第i个轨迹片段的预测坐标相对应的相关波门时，关联的混合亲和度度量由下式计算：

$$c^{(k)}(\hat{t}_i,d_j)=(1-\alpha)\cdot\text{motion}^{(k)}(\hat{t}_i^{(k)},d_j^{(k)})+\alpha\cdot\text{appear}^{(k)}(\hat{t}_i^{(k)},d_j^{(k)}) \tag{5-18}$$

其中α为权重系数，本章将 USV 船舶本体姿态进行归一化来描述。综合式（5-18）和式（5-19），可以直观看出随着船体纵摇和横摇的增加，外观权重增加，反之则运动学权重增加。

$$\alpha=\frac{\left[(p^{(k)})^2+(r^{(k)})^2\right]^{1/2}}{\lambda\left[(p_{\max})^2+(r_{\max})^2\right]^{1/2}} \tag{5-19}$$

式（5-19）中，p, r分别表示k时刻实时的纵摇和横摇，它们可从 USV 船舶本体的电子罗盘或 IMU 的实时测量得到；p_{max}, r_{max}分别表示纵摇和横摇的最大范围，取决于船体设计时的固有特性和当前的海况等级，可从历史的量测记录中获取；λ是一个超参数。

此外式(5-18)中的 appear($\hat{t}_i, d_j$) 为 $\hat{t}_i$ 和 d_j 之间外观相似性的度量，motion($\hat{t}_i, d_j$) 表示通过计算交并比（IOU）的负对数获得的运动学相似性度量：

$$\text{motion}(\hat{t}_i^{(k)}, d_j^{(k)}) = -\log\left(\frac{\text{Intersection}(\hat{t}_i^{(k)}, d_j^{(k)})}{\text{Union}(\hat{t}_i^{(k)}, d_j^{(k)})}\right) \tag{5-20}$$

（4）M³C 检测后跟踪算法

在本节中，提出一种可以实时运行的检测后实时跟踪方法，其中轨迹起始和轨迹终止均使用“连续三帧法”确定，具体流程如算法 5-1 所述。

算法 5-1： M³C 检测后跟踪算法

输入：海面场景下的连续视频序列 $\mathcal{S}$, 预训练后的 GRU 模型$\mathcal{M}_{\text{gru}}$, Darknet53 模型$\mathcal{M}_{53}$, 船舶重识别模型$\mathcal{M}_{\text{reid}}$, USV 船舶本体的周期性姿态数据$\mathcal{A}$

初始化：$\mathcal{T} \leftarrow \varnothing$, α_{max}, $(v_k)_{count} = 0, (t_i)_{count} = 0$

输出：周围船舶的连续轨迹片段 $\mathcal{T} = \{t_i\}_{i=1}^{M}$

过程：

foreach t 时刻的当前帧
  使用$\mathcal{M}_{53}$模型从 $\mathcal{F}_t$ 帧中检测所有可能的船舶目标 $\mathcal{V} = \{v_k\}_{k=1}^{N}$
  foreach 船舶轨迹片段 //为前一时刻创建相关波门
    使用 MM 滤波器为 $t-1$ 时刻造运动学跟踪波门
    & 造外观自适应相关波门
  endfor
  MC 流程中使用模拟退火算法进行数据关联
  foreach 检测和航迹相关上的配对
    通过 MM 滤波器更新航迹
  endfor
  foreach 检测到的船舶 v_k 没有和 $\mathcal{T}$ 中的任一轨迹片段关联上
    $(v_k)_{\text{count}}{+}{+}$
    if $(v_k)_{\text{count}} >= 3$ //三帧航迹起始
      起始新航迹 t
      $\mathcal{T} \cup = \{t\}$
    end
  endfor

---

foreach 船舶轨迹 t_i 和 $\mathcal{V}$ 集合中的检测均未匹配上

$(t_i)_{count}++$

轨迹外推

if $(v_k)_{count} >= \lambda_{\max}$ //外推次数超过预设阈值 $\lambda_{\max}$

终止轨迹 t_i

$\mathcal{T} = \mathcal{T} - \{t_i\}$

end

endfor

endfor //视频序列处理结束

5.4 实验与结果分析

5.4.1 实验设置

（1）数据集

为了评估 M^3C 的性能，本章分别在前文介绍的 SMD[14]和 PETS 2016 海事数据集（IPATCH）[15]上进行了大量实验。其中 YOLO v3 检测器事先通过离线方法在 Marvel 船舶图像数据集上进行了预训练[47]。

SMD 包含 51 个标注好的视频片段，分别为 40 个岸基（On-shore）视频和 11 个船载视频（On-board）。本章从海-天线标注的真值（Ground truth）反推估计出数据采集船本体的横摇和纵摇角范围。IPATCH 的 PETS2016 由 20 个 RGB 视频片段组成，分别通过四个船载的 PTZ 摄像机（借助云台实现全方位移动及镜头变倍、变焦控制）采集，其中三个在左、右舷，另外一个在船尾；视频采集时使用两艘小艇和两艘渔船作为目标模拟船，分别模拟出加速、逗留、绕行等海盗船可能的行为。Marvel 数据集是从全球最大规模的在线船舶图像档案网站上（www.shipspotting.com）爬取的（时间跨度为 2018-11-10 ~ 2018-11-17），其包括 140 000 多张船舶图片，它被分成 26 个超类（如集装箱船、散货船、军舰和挖泥船等等）。本章预处理阶段将该数据集中的图像统一调整为 608 × 608 像素大小，并手动标注选定船型的图片，包括拖船、集装箱船、渔船、小艇和客轮等船舶类型。

（2） 实现细节

在本章实验中，硬件平台为 Intel 的 i7-4790k CPU 和 Nvidia 的 GTX1070 GPU，

算法部分则基于 Pytorch 深度学习框架来实现。如前文所述，本章检测器基于当前先进的 YOLO v3 设计。表 5-1 给出了 SMD 和 PETS 2016 数据集上的特征图 （Feature map）、感受野和和先验锚框（Prior anchors）的展示，本章共使用 9 个先验锚框来生成边界框，先验锚框的大小通过 K-means 算法聚类得到。

表 5-1 SMD 和 PETS 2016 数据集上的特征图和先验锚框

特征图	19 × 19			38 × 38			76 × 76		
感受野	Big			Medium			Small		
先验框	110 × 84	176 × 93	267 × 166	35 × 65	62 × 57	107 × 39	43 × 19	38 × 39	68 × 29

运动船舶目标的机动性判决模型中 GRU 的隐藏层有 128 个节点，学习率初始设置为 0.001 并呈指数衰减（衰减系数为 0.9），随机丢弃比率（Dropout）设置为 0.2。鉴于目前缺乏足够多的用于深度学习训练的船舶轨迹或视频库，本章首先在一个公开的 AIS 数据集[207]上进行预训练，然后在 SMD 和 PETS 2016 上重新整合的训练集上进行微调训练。

5.4.2 性能评估

（1）评估指标

本章根据中提出的 CLEAR MOT 度量指标[208]，以及通用的均方根误差（RMSE）、平均绝对偏差（MAE）等指标进行实验评估，下面将每个评估指标的简要说明如下：

MOTA（↑）：多目标跟踪正确率，其将多个目标的漏检率、误判率和误配率合并为一个指标，由下式计算得到：

$$\mathrm{MOTA}=1-\frac{\sum_t (N_{\mathrm{FN}}^{(t)}+N_{\mathrm{FP}}^{(t)}+N_{\mathrm{IDSw}}^{(t)})}{\sum_t N_{\mathrm{GT}}^{(t)}} \tag{5-21}$$

其中，$N_{\mathrm{FN}}^{(t)}$、$N_{\mathrm{FP}}^{(t)}$ 和 $N_{\mathrm{IDS}}^{(t)}$ 分别表示第 t 帧的漏检、误判和 ID 切换（IDSw）出现的次数；$N_{\mathrm{GT}}^{(t)}$ 则用来表示目标真值框的总数。

MOTP（↑）：多目标跟踪准确度，用来刻画通过边界框重叠和中心位置距离来度量目标的精度，由下式计算得到：

$$\mathrm{MOTP}=\frac{\sum_{i,t} d_i^{(t)}}{\sum_t\left(N_{\mathrm{TP}}^{(t)}+N_{\mathrm{IDS}}^{(t)}\right)} \qquad (5\text{-}22)$$

其中$N_{\mathrm{TP}}^{(t)}$是第 t 帧索引中的真正例（True positive, TP）的个数，$d_i^{(t)}$表示第 i 个目标和其真值之间在所有帧中的平均度量距离，此处使用 IoU 进行距离计算。

评估中涉及的其它指标还有：RMSE（↓）——均方根误差；MAE（↓）——平均绝对偏差；MT（↑）——命中轨迹目标占真值总轨迹的比例；ML（↓）——丢失目标占真值总轨迹的比例；FN（↓）——未命中目标总数；FP（↓）——误报总数；IDS（↓）——批号（ID）切换总数；FPS（↑）——每秒帧数；mAP（↑）——平均精度（详见 4.5.2 小节）。每个度量指标后面的彩色箭头分别表示增加（↑）还是减少（↓）的值对系统整体的性能提升是有益的，此外上述 MOTP 和 MOTA 两项指标均以百分比形式表示，取值在[0, 100%]范围内，最优值为 100%。

（2）定性结果

考虑到一些跟踪结果可能会因摄像机本体的低频运动而产生较大偏差，为公平起见，在性能比较时将岸基和船载的数据集分开进行。如表 5-2 所示，将本章所提方法与当前主流跟踪方法进行比较，如基于马尔可夫决策过程（MDP）的方法[209]、卡尔曼滤波+匈牙利分配算法（Simple online and real-time tracking, SORT）[210]、核相关滤波（Kernel correlation filter, KCF）跟踪器[211]、卡尔曼滤波+Kuhn-Munkres 方法（POI）[212]，SORT 联合深度外观特征关联（DeepSort）[198]和重识别+深度候选选择（MOTDT）[213]进行排序。在具体的实验过程中，考虑到视频采集船本体为大型船舶，具有较好的运动平稳性，并且数据采集时海面较为平静，因此结果比较时将 PETS 2016 归属于岸基的数据集。

如表 5-2 所示，与排名第二的岸基数据集相比，$\mathrm{M^3C}$ 流程的 MOTA 增加了 2.5%，IDS 减少了 33.5%。而在船载数据集方面，对应的 MOTA 增益为 3%，IDS 则降低 30.6%，同时 ML 指标也是最低的。此外，在岸基和船载的数据集上，本章所提方法的 FPS 均超过了 10，进一步验证了本章方法所具有的实时性能。

表 5-2 两个海事数据集上跟踪器性能的定量评估

数据集	跟踪器	MOTA ↑	MOTP ↑	MT ↑	ML ↓	IDS ↓	FPS ↑
SMD（岸基）+PETS 2016	MDP	30.3%	71.3%	13.2%	38.4%	426	1
	SORT	59.8%	79.6%	25.4%	22.7%	631	**56**
	KCF	70.3%	80.2%	**37.8%**	22.3%	382	25
	POI	66.1%	79.5%	34.6%	**20.8%**	453	10
	M³C(Ours)	**72.8%**	80.4%	37.4%	21.2%	**254**	20
SMD（船载）	DeepSORT	60.4%	**79.1%**	32.8%	18.2%	56	**36**
	MOTDT	57.6%	70.9%	**34.2%**	28.7%	49	23
	M³C (Ours)	**63.4%**	74.6%	26.2	**17.9%**	**34**	16

（3） 跟踪结果可视化

为了直观地展示本章提出的 M^3C 框架的性能，图 5-7 给出 SMD 数据集中一些视频序列的可视化跟踪结果。

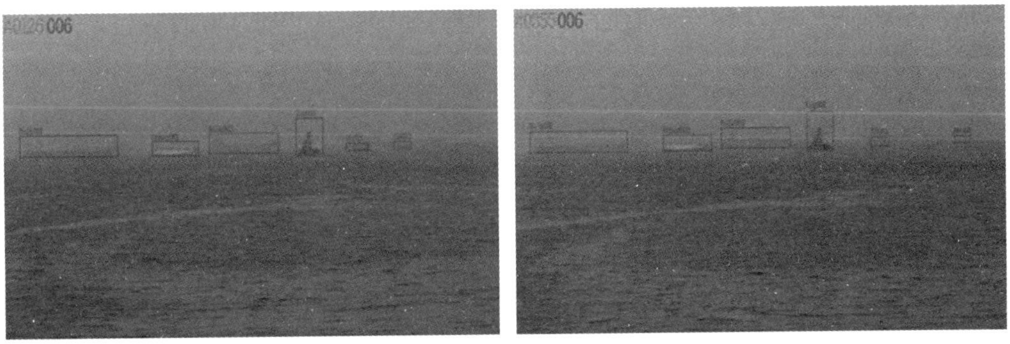

(a) 第 126 帧

(b) 第 355 帧

(c) 第 264 帧　　　　(d) 第 438 帧

图 5-7 存在遮挡的视频序列的可视化跟踪结果

在图 5-7 中，图片帧源自 SMD 中的 MVI_1448_VIS_Haze 视频片段，从中可以直观地看出自第 264 帧图像开始，快艇（Speed boat）Sb001 被拖船（Tug）Tug001 遮挡，直到第 355 帧被完全遮挡，然后在第 370 帧中重新出现，直到第 438 帧又完全可见。

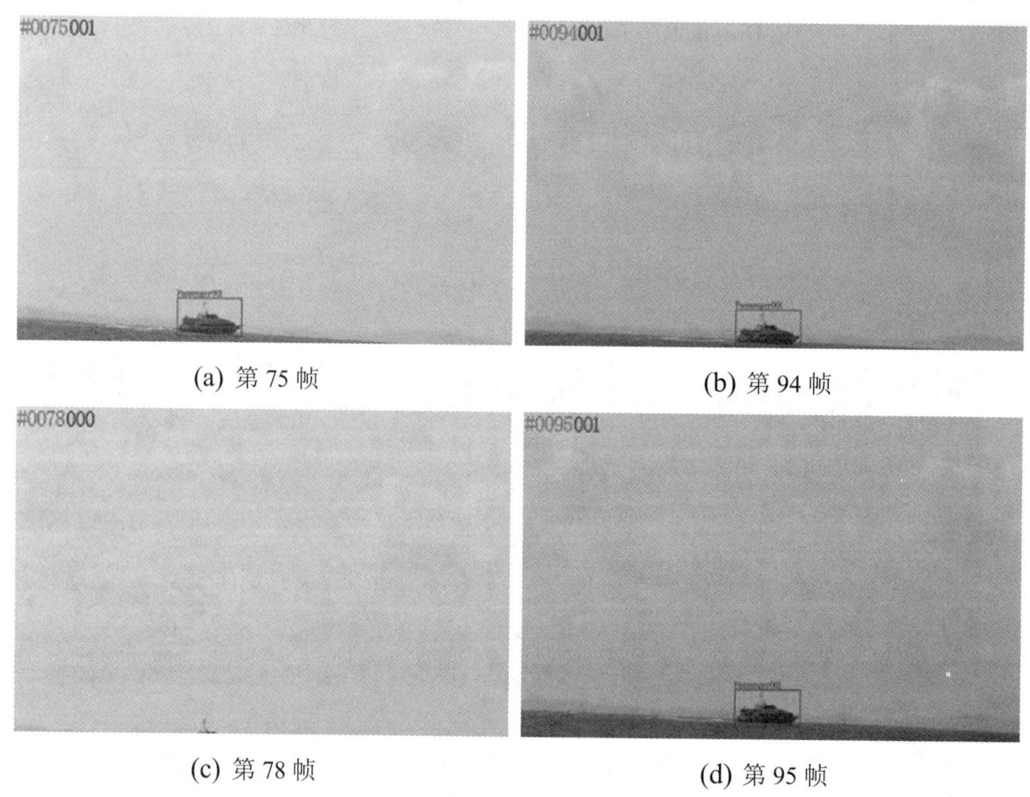

(a) 第 75 帧　　　　(b) 第 94 帧

(c) 第 78 帧　　　　(d) 第 95 帧

图 5-8 丢失后重新出现的视频序列的可视化跟踪结果

图 5-8 中的图片帧源自 SMD 数据集中的 MVI_0799_VIS_OB 视频片段。由于船舶本体的纵、横摇等因素引起的视域偏移，目标客轮 Passenger001 从第 76 帧开始逐渐从摄影机视野中消失，直到第 81 帧时完全消失；然后从第 0091 帧又重新出现，直至第 0094 帧完全可见。以上在图 5-7 和图 5-8 中，展示了本章方法对较短时间内的

部分遮挡（图 5-8（b））甚至是完全遮挡（图 5-7（b））后重新出现的船舶的跟踪鲁棒性，也验证了本章所提出的使用船舶重识别模型提取的外观特征作为长期线索的可行性。

5.4.3 消融实验及结果分析

（1）多模型滤波器的效果分析

在具体实验方案设计时，本章考虑了目标船舶的三种不同运动场景，包括匀速直线运动、加速度和转弯运动。在保持其他条件不变的情况下，分别使用一个单模型的 Kalman 滤波器（CV）和综合考虑 CA、CV 和 CM 的交互式多模型（IMM）[214]代替 MM 模型进行消融实验。本章统筹将 SMD 数据集中的岸基部分和 PETS 2016 数据集划分为上述三种不同的运动场景展开实验，将仅有单个 CV 模型的 Kalman 滤波器作为基准（Baseline），并分别以 RMSE 和 MAE 作为评价指标。最终的比较结果如表 5-3 所示，其中的数值单位均为像素。

表 5-3 三种运动场景下的平均 RMSE 和 MAE 结果

运动场景	跟踪算法	平均 RMSE (L2 norm)		平均 MAE (L1 norm)	
		X pos.	*Y* pos.	*X* pos.	*Y* pos.
匀速直线运动	Kalman (CV)	14.71	16.06	11.47	14.53
	IMM (CV+CA+CM)	15.10	15.87	12.03	14.28
	MM(Proposed)	**9.10**	**9.58**	**5.75**	**6.02**
匀加速运动	Kalman (CV)	27.71	21.29	25.38	20.54
	IMM (CV+CA+CM)	21.17	18.26	18.67	15.88
	MM(Proposed)	**13.93**	**12.21**	**8.04**	**7.04**
匀速转弯运动	Kalman (CV)	20.99	15.85	19.54	15.03
	IMM (CV+CA+CM)	15.10	13.11	12.93	10.98
	MM (Proposed)	**12.44**	**9.56**	**8.80**	**6.67**

从表 5-3 中可以看出，在目标船舶的运动没有发生明显机动的情况下，IMM 的性

能并不比使用 Kalman 滤波器的单一模型好，甚至比后者差，主要原因在于多模型间的交互过程中存在着不确定的传输延迟，本章提出的 MM 滤波器很好地克服了这一难题，如表 5-3 所示，在匀速直线、匀加速和匀速转弯三种运动模式下，本章方法的 RMSE 和 MAE 精度相比单一模型的 Kalman 滤波、IMM 滤波方法均增加了 30%以上。

（2）检测器影响效果分析

本小节依次使用 SSD 和 Faster R-CNN 替换 YOLO 检测器进行消融实验。结果如表 5-4 所示。以 Darknet53 为主干网络的 YOLO v3 检测器与 SSD 相比较，mAP 增加了近 40%，而 FPS 则是 Faster R-CNN 的 5 倍。同时可以看出，YOLO v3 检测器为平衡 mAP 和 FPS 提供了一个折衷方案，因为它们对于跟踪性能的提高同样至关重要。以上实验结果还表明，检测算法的 mAP 精度对后续多目标跟踪性能有着显著的影响。

表 5-4 检测器性能的消融实验结果

跟踪器	检测器	mAP	FPS	平均 RMSE **(L2 norm)**		平均 MAE **(L1 norm)**	
				X pos.	*Y* pos.	*X* pos.	*Y* pos.
M^3C	SSD300 (Mobilenet)	41.2	**46**	20.22	17.59	9.54	16.37
	YOLOv3 (Darknet53)	57.9	20	9.10	9.58	**7.75**	6.02
	Faster R-CNN (Resnet50)	**59.1**	4	**8.94**	**6.39**	8.44	**5.83**

（3）多线索数据关联效果分析

表 5-5 多线索数据关联的消融实验结果

跟踪器	检测器	MOTA ↑	MOTP ↑	MT ↑	ML ↓	IDS ↓	FPS ↑
MM	YOLO v3	46.2%	44.5%	12.9%	43.2%	74	28
MM + Attention	YOLO v3	47.1%	43.8%	13.1%	44.7%	73	**32**
SM+ReID	YOLO v3	59.8%	64.5%	21.4%	23.6%	62	20
MM+ReID (M^3C)	YOLO v3	**63.4%**	**74.6%**	**36.2%**	**17.9%**	**24**	16

表 5-5 中 MM、SM（Single model）和 ReID 分别表示多模型滤波器、单模型滤波

器、船舶表观模型。如前文所述，MOTA 是多目标跟踪最重要的指标之一，从表 5-5 可以看出，本章所提出 M^3C 检测后跟踪方法取得的 MOTA 值最高，比表中第四行排名第二使用 SM 和 ReID 模型提高了 3.6 个百分点。以上的统计结果还表明，将运动学特征和外观特征组合起来可以有效地提高跟踪精度。

综合以上的实验结果，本章通过将提取的深度外观特征和传统的运动学滤波算法相结合，提出的 M^3C 方法在保证实时性的同时提高了跟踪精度，即很好地兼顾了跟踪的准确度和速度。

5.5 本章小结

将多模型（MM）和多线索（MC）相结合，本章提出了一种新的基于检测的跟踪方法（M^3C），使得 USV 能够实时地对其周围船舶进行检测后跟踪。在传统的单模型 Kalman 跟踪器中（如单一的 CV 模型），采用 MM 来解决传统方法对海上紧急避碰状态下机动目标的跟踪不稳定问题。将 MC 与 USV 船舶本体姿态以及目标船舶的外观特征匹配相结合，解决因运动模糊和遮挡导致的目标批号频繁切换问题。最后通过大量实验验证了本章所提算法具有较好的鲁棒性和实时性能。未来的研究将重点关注以下两个方向：一方面引入迁移学习和生成式对抗网络（GAN）对数据进行扩增，并对本章所提出的 M^3C 模型的网络结构和相关算法进行持续优化；另一方面研究将船舶 ReID 与检测器的骨干网络相融合的方法，并尝试在统一的框架下进行联合训练，期待进一步提高跟踪系统的实时性能。

第六章 视觉感知技术在海上智能交通管理中的应用

6.1 引 言

伴随着经济全球化和我国经济日益转入高质量发展，与日俱增的国际贸易促进了海运量的持续增加。根据近年来的统计数据[215]，按货物重量维度计算，占全球贸易量的 90%以上的货物采用海运方式运输。随之而来的是近年来全球范围内的多次重大海上安全事故的发生，不仅给人类生命、财产安全带来了巨大损失，也给海域的生态环境造成了严重危害。事实上，多年来人为失误、信息孤岛一直是困扰海上交通安全的关键因素。相应地加强海上交通监管，保障通航安全，也面临越来越多的挑战。当前我国从交通运输部到地方各级海事管理机构，均在积极推进“智慧海事”建设，积极构建智能化的海上交通管理系统。随着人工智能、物联网以及大数据等现代信息技术的广泛应用，以船舶交通管理系统（Vessel traffic services, VTS）为核心的非现场执法已经成为海上智能交通管理中不可或缺的安全监管手段。

关于“海上交通”，日本学者藤井弥平和荷兰学者 Wepster 分别将其定义为“某一区域内船舶行为的总体”[216]以及“指定区域内个体船舶运动的组合”[217]。国内学者吴建华等人首次提出移动 VTS 的概念，其结合船载雷达和 AIS 的远距离通信功能，有效扩展了岸基 VTS 的监管范围[218]。Bloisi 等人将视觉信息与传统的 VTS 进行融合[219]，并在监视雷达和 AIS 不能正常工作情况下（如雷达在居住区域设置特定扇区为静默），将远程监视摄像机作为主传感器。Lee 使用船载闭路电视（CCTV）摄像头辅助自动雷达标绘仪（ARPA）进行目标跟踪[220]，有效提高了海杂波背景下小目标的检出概率。Xiao 等人基于经典的 TLD（Tracking-learning-detection）框架，提出基于随机投影的短期跟踪器来应对内河船舶跟踪过程中的漂移问题[221]。

本章在前文工作的基础上，在传统移动 VTS 的基础扩展出移动 CCTV，进一步提升其智能化水平：设计了一个具有小的体积、重量、功率和成本（SwaP-C）的边缘 VTS 原型系统，与岸基 VTS 中心的管理信息系统（MIS）结合，构建完成一个具有演示验证功能的船舶交通管理信息系统（VTMIS）原型，并在其上验证了前文第三、

第四和第五章所提出的关键方法。

6.2 船舶交通管理系统（VTS）

6.2.1 VTS 的系统与组织管理

自 1948 年世界上首套装备监视雷达的 VTS 系统的雏形诞生于英国的利物浦港后，世界各国先后建立了适应本国国情的 VTS 中心，他们的监管方式、服务内容不尽相同，如日本东京湾的船舶交通咨询服务、欧盟的内河信息服务系统（RIS）、英国的运河自动观测系统（ARGOS）以及中国香港的船舶航行监察中心等。交通运输部的《中国航运发展报告 2019》数据显示[222]，截至 2019 年底末我国已在沿海、内河的重要水域以及主要港口布设完成 55 个 VTS 中心以及 275 个雷达站点。国际海事组织给出 VTS 的通用定义：由主管机关实施的、用于提高交通安全和效率及保护环境的服务。国内则从自身实际情况出发，更多强调的是交通管理与服务并重，因此在更多场合将其称为“船舶交通管理系统”，如国家交通运输部在 2018 年颁布实施的《船舶交通管理系统（VTS）建设规范》中在我国学者吴兆麟给出的“船舶交通”定义基础上，将其定义如下：VTS 系指对覆盖水域内船舶运动的组合与船舶行为的总体所实施的管理[223]，以达到增进船舶交通安全、提高效率以及保护海洋环境的目的。

现代管理信息系统（MIS）本身是信息、技术、组织和管理的融合，从此角度看 VTS 系统是一个典型的水上交通工程 MIS。按照 MIS 的概念和结构组成划分，VTS 系统主要由机构、人员和设备三部分组成，三者有效组合进而为海上安全的信息管理和决策提供支持，其中机构是指 VTS 系统运行的环境，即负责 VTS 的管理、运行、维护和协调的各级海事管理机构以及其内设的 VTS 中心；而船舶交通管理系统中的人员是 VTS 系统运行的主体，设备则是 VTS 系统运行的基础，下面将分别展开论述[224]。

（1）VTS 的设备组成

功能拓展后的新型 VTS 是综合监视雷达、AIS、网络通信技术以及智能信息处理技术于一体的水上交通信息管理系统。如图 6-1 所示，VTS 集成了多种模态的传感器，主要由雷达、AIS 基站、甚高频通信（VHF）、甚高频测向（VHF-DF）、视频监控（CCTV）、北斗卫星导航、气象水文、信息管理、交通态势人机显示与操作控制等子系统组成。图 6-1 给出典型的岸基 VTS 组成框图。

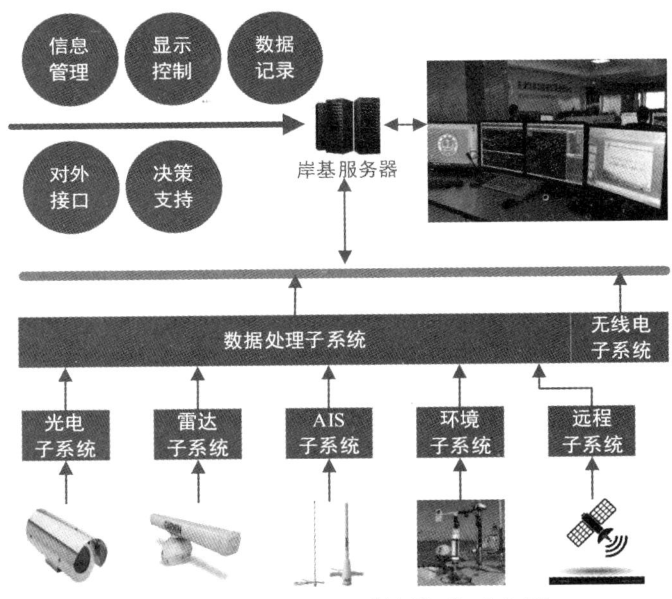

图 6-1 典型的 VTS 系统构成示意图

总体而言，本章使用前文章节提出的关键技术方法强化 VTS 系统的视觉感知功能，可以进一步拓展如下服务：

- 数据采集方面，通过计算机视觉技术直观地识别航道交通标志和助航设施；
- 数据评估方面，通过计算机视觉技术对船舶的违章行为进行识别；
- 信息服务方面，通过场景分割加深对 VTS 服务水域内交通态势的综合理解；
- 助航服务方面，通过计算机视觉辅助的瞭望，提供可视化的碍航物和周围船舶的分布；
- 交通组织服务方面，通过计算机视觉技术实现对弱小目标快速有效查证，进而进行精准化处置；
- 支持联合行动方面，给参与行动的各方提供可视化的场景描述，实现无障碍的沟通。

（2）VTS 人员组成及工作流程优化

通过嵌入先进的视觉感知功能模块，对传统的 VTS 工作流程进行优化和再造，旨在提高海事管理机构的内部响应速度，并提升内部管理和对外服务的水平。工作流程的优化进一步帮助海上智能交通的管理者实时了解实际工作活动，并通过流程归并消除工作过程中的冗余干扰，使得监管和服务流程更加的合理、经济、便捷并且智能。

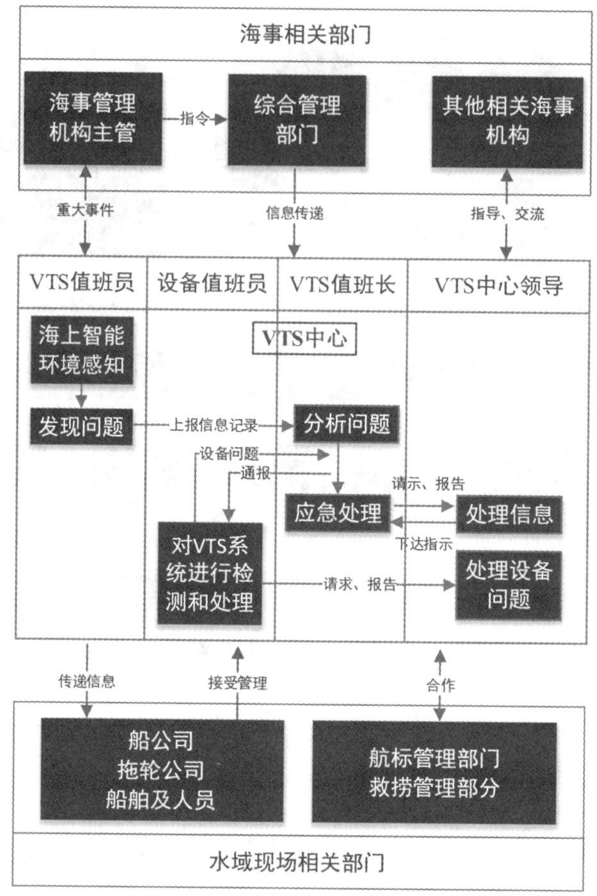

图 6-2 VTS 中心内部及其与外部相关单位间工作流程

图 6-2 给出 VTS 中心内部工作流程以及与监管水域现场主要关联单位间的工作流程。其中内部流程涉及的人员分别为：VTS 值班员、设备值班员、VTS 值班长和 VTS 管理者等，负责信息收集和相应的信息评估功能；外部关联单位或部门则主要包括：船公司、拖船公司、船舶及人员、航标管理部门和救捞管理部门等，由 VTS 中心主导多方协作完成信息服务、交通组织、助航服务和联合服务等功能。

6.2.2 移动 VTS 原型系统设计

（1）移动 VTS 原型

移动 VTS 通常是指在船舶、车辆等非固定载体上架设的船舶交通管理系统，为最大限度发挥 VTS 和 CCTV 的功能，本章基于小型无人船设计了一个面向海上集成监视的移动 VTS 演示验证系统，借助于岸基的管理信息系统和数据中心，进行海上智能交通管理。基于分层递阶控制结构的设计原理，根据移动 VTS 系统中信息、控制、行为和智能的时空分布模式机理，进行层次分解，此处将该系统划分为移动现场感知层、决策规划层和运动控制层三个层次，典型的无人船载的移动 VTS 原型系统架构如图 6-3 所示。本章将重点探讨视觉感知技术在所设计的移动 VTS 原型系统中的应用。

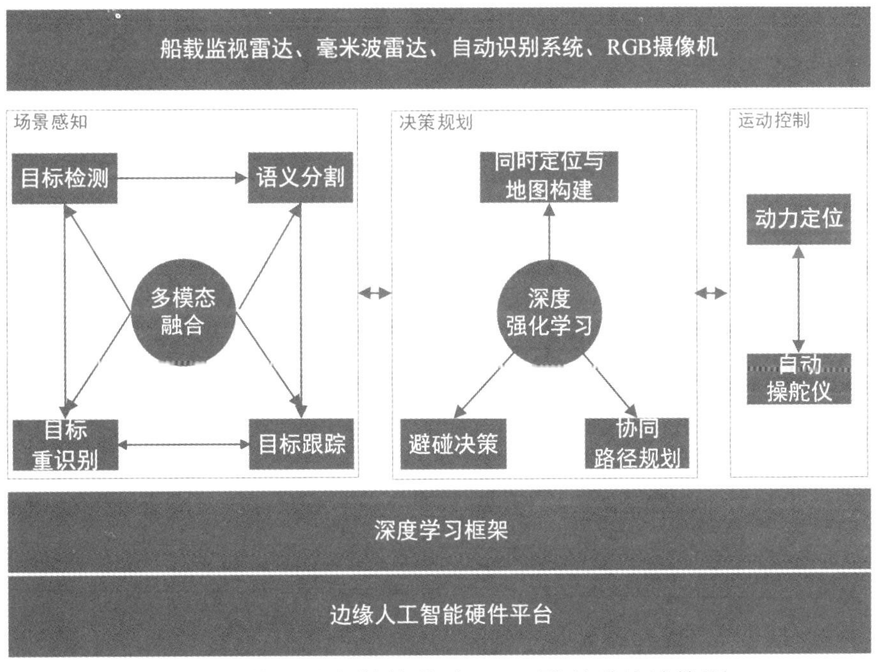

图 6-3 基于无人船的移动 VTS 原型系统结构图

（2）移动 VTS 原型系统中的多模态传感器

海上交通场景感知能力的提升，制约于具体的环境感知设备及相应的感知机理。作为一类复杂的信息管理系统，移动 VTS 需要多种船载传感器实时获取周边环境的信息，取长补短，并通过冗余来提升感知系统的容错和鲁棒性。移动 VTS 船载各传感器的性能对比如表 6-1 所示。

表 6-1 移动 VTS 原型系统多模态传感器对比表

传感器	频段	工作模式	优点	缺点
监视雷达	X 波段 （8-12 GHz）、S 波段（2-4 GHz）	主动	独立感知 可在恶劣天气下工作 长距离	低精度、低数据率 高电磁辐射 有最小作用距离
毫米波雷达	毫米波段（30GHz~300GHz）	主动	频带宽 角分辨率高 高数据率	探测距离短 有盲点区域
AIS	VHF（161.975 、162.025 MHz）	被动	可在恶劣天气下工作 通信距离远 覆盖范围广	数据率低 仅识别船舶 需目标船舶主动上报
RGB 摄像机	可见光（380-780 nm）	被动	低成本 外观特征丰富 高精度	覆盖范围小 受光线、天气影响大 缺少深度信息
激光雷达（Lidar）	激光（905nm 或 1550nm）	主动	三维感知 角度、距离精度高 抗电磁干扰强	受雨雪、雾霾天气影响大 成本较高

根据上述各模态传感器的优缺点，将它们进行融合，通过多传感器相互配合共同构成移动 VTS 原型系统的环境感知系统，协同进行更可靠的海面环境集成监视。其中 AIS 和 X 波段监视雷达负责中远程监视（1~40 km），而毫米波雷达和 RGB 摄像机则负责 1km 以内的进程精确环境感知。各传感器探测范围如图 6-4 所示：

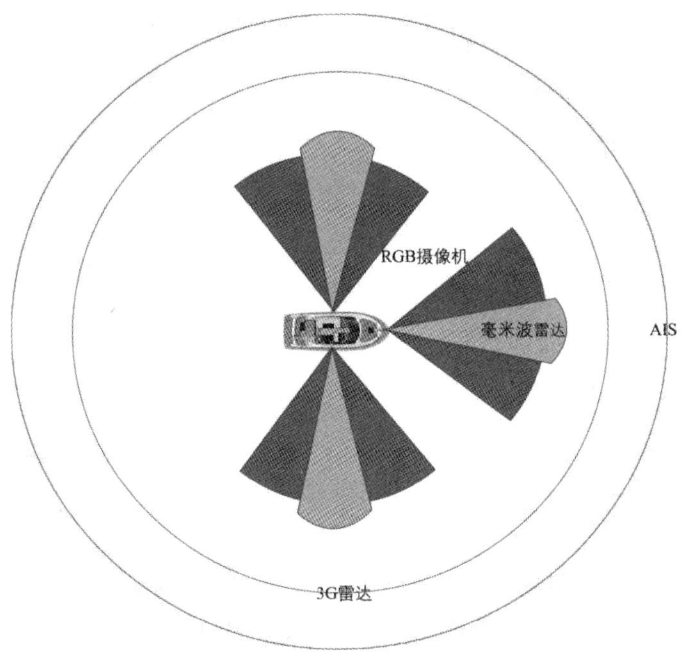

图 6-4 移动 VTS 多模态传感器覆盖范围示意图

6.3 多模态融合感知应用

所谓模态（Modality）是指感知特定事物（物体、场景等）的不同视角或形式，由于多模态信息间存在高度相关性，能够相互补充和相互监督，因此有必要进行多模态信息融合（Multi-modality information fusion, MMIF），即将获取的不同时间、空间的多模态感知数据，进行统一表征、对齐、转换和融合处理，最终实现多模态传感器协同学习，最大限度提高感知系统的准确度、可信度和完善度。

6.3.1 空间域对准

（1）坐标转换

由于 AIS、毫米波雷达、船载 X 波段导航雷达和移动 VTS 中心均已处在同一个笛卡尔坐标系下，因此它们之间的坐标转换只需平移变换即可。考虑移动 VTS 本体的航向，新的坐标原点（O' ）下的平移变换计算公式如下：

$$
\begin{aligned}
x' &= x + \sqrt{(\Delta x)^2 + (\Delta y)^2}\sin[H * 2\pi / 360 + \arctan(\Delta y, \Delta x)] \\
y' &= y + \sqrt{(\Delta x)^2 + (\Delta y)^2}\cos[H * 2\pi / 360 + \arctan(\Delta y, \Delta x)]
\end{aligned}
\tag{6-1}
$$

式（6-1）中 H 表示移动 VTS 本体的航向角，单位为度；Δx 和 Δy 是新的坐标原点 O' 和原始坐标原点 O 分别在 x 轴和 y 轴上的相对位置偏差。

（2）摄像机-雷达投影映射

采用透视变换，将摄像机视角投影到移动 VTS 本体中心坐标系平面，投影变换的公式如下：

$$[x', y', w'] = [u, v, 1]\begin{bmatrix} a_1 & a_2 & a_3 \\ a_4 & a_5 & a_6 \\ a_7 & a_8 & 1 \end{bmatrix} \tag{6-2}$$

其中(u, v)是摄像机坐标系下的像素坐标，(x, y)为转换后的移动 VTS 本体中心平面下的坐标，$\begin{bmatrix} a_1 & a_2 \\ a_3 & a_4 \end{bmatrix}$为线性变换矩阵，其支持尺度变换、剪切和旋转变换等操作；而$\begin{bmatrix} a_7 & a_8 \end{bmatrix}$为平移变换矩阵；$\begin{bmatrix} a_3 & a_6 \end{bmatrix}^{\mathrm{T}}$则为透视变换矩阵。

将式（6-2）展开后，进一步得到 VTS 本体中心坐标系下的坐标如下：

$$\begin{cases} x = \dfrac{a_1 u + a_4 v + a_7}{a_3 u + a_6 v + 1} \\ y = \dfrac{a_2 u + a_5 v + a_8}{a_3 u + a_6 v + 1} \end{cases} \tag{6-3}$$

6.3.2 时间域对准

在移动 VTS 原型系统设计中，将选用的摄像机（美国 FLIR 的 M300C）帧率设定为 25 FPS，毫米波雷达（德国 Continenta 的 ARS408-21SC3）的数据周期为 60ms，取两传感器数据周期的最小公倍数，最终选择 120ms 作为融合周期。时间域对准的示意图如图 6-5 所示。

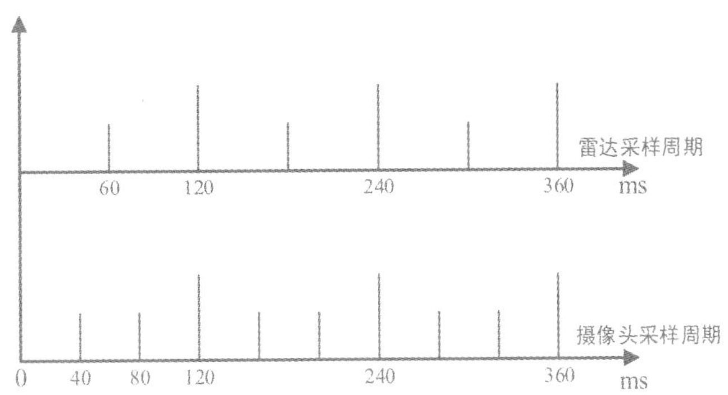

图 6-5 毫米波雷达和摄像头的时间域融合

6.3.3 多模态数据融合跟踪方法

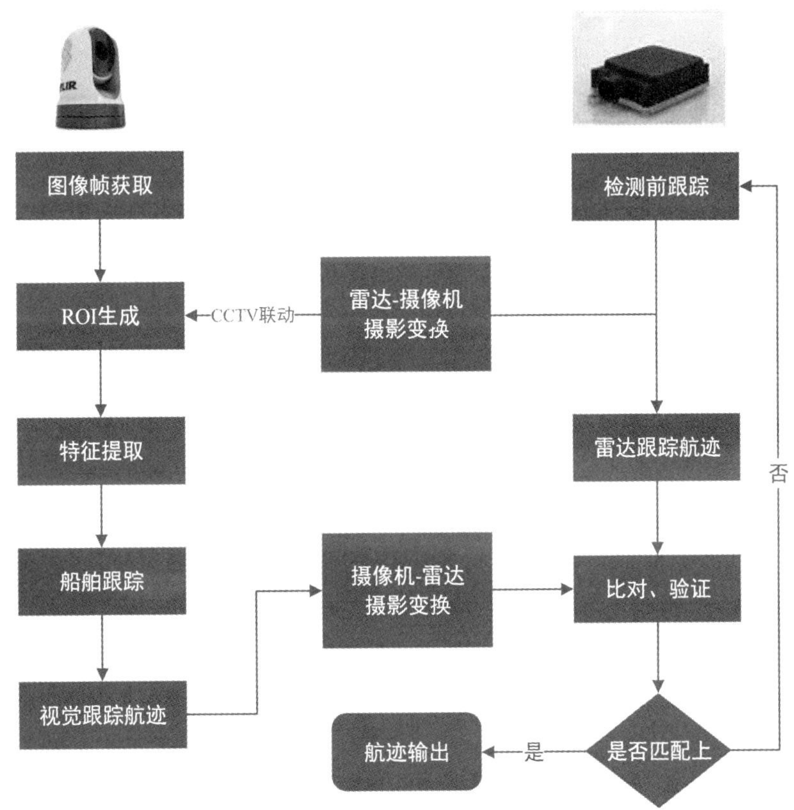

图 6-6 多模态数据融合跟踪流程

根据各模态信息融合层次的不同，多模态融合结构可以分为数据层面的低级融合、决策层面高级融合和特征层面的混合融合结构。为尽可能兼顾系统的感知精度和实时性，本章的融合框架选用特征级的融合结构。融合过程中考虑到视觉层面的目标潜在区域（ROI）提取代价较高，故本书将毫米波、X 波段导航雷达的扫描点迹投影到二维图像平面并辅助生成 ROI，最终实现了特征级的融合。通过上述两模态的联合检测与跟踪，显著提升了系统对水面弱小目标以及能见度不良等场景下船舶目标的感知能力。图 6-6 给出视觉与毫米波雷达的融合的检测以及跟踪过程，为充分利用尽可能多的低级特征，在低层次和高层次同时进行双模态数据融合；此外，在此基础上还使用深度 CNN 进行特征压缩，确保尽最大能力提取到满足决策边界的特征。实验结果表明，本章方法可以有效地克服单一模态传感器在某些特定场合短暂失效的问题，提升感知系统总体的鲁棒性。

6.3.4 实验与结果分析

（1）实验设置

本节使用前文设计的移动 VTS 原型进行实船测试。与路面上的汽车和行人目标相比，通常毫米波雷达量程范围内的海面船舶目标体积和反射截面积（RCS）较大，容易产生点迹分裂，因此在数据预处理阶段使用本书作者 2015 年提出的基于中心点的划分（PAM）聚类算法[225]对来自同一目标的点迹进行归并处理。本章移动 VTS 原型本体上的环境感知传感器包括 SIMRAD 的调频连续波（FMCW）雷达——GO9 +3G（最大探测距离 24nm）、77GHz 长距雷达 ARS408-21SC3（最大探测距离 1200m）、具有主动陀螺稳定功能的船用摄像机 FLIR M300C（1920 × 1080 像素）和三荣船用自动识别仪 SI-30 AIS，它们在无人船上的安装方式如图 6-7 所示。

图 6-7 基于无人船的移动 VTS 本体实物图

（2）评价指标[226]

1）静态目标定位精度

在良好天气和平静水面条件下，使用差分 GPS（Differential GPS, DGPS）的定位值作为静态目标的真值，连续定位 n = 200 次，分别计算距离和方位的测量值与其真值间的标准误差（σ），公式定义如下：

$$
\begin{aligned}
\sigma_{\text{Dis}} &= \sqrt{\frac{1}{n-1}\sum_{i=1}^{n}(R_i - R_t - \mathcal{M}_R)^2} \\
\sigma_{\text{Azi}} &= \sqrt{\frac{1}{n-1}\sum_{i=1}^{n}(\alpha_i - \alpha_t - \mathcal{M}_\alpha)^2}
\end{aligned}
\qquad (6\text{-}4)
$$

式（6-4）中，R_i、α_i 分别为距离和方位的测量值，R_t、α_t 则分别为距离和方位的真值，$\mathcal{M}_R$、$\mathcal{M}_\alpha$ 为各自的测量误差（系统差）。

2）动态目标定位和跟踪精度

在良好天气和平静水面条件下，在测试靶船上安装 DGPS 和 AIS 设备，并将它们的测量值作为真值并与 3G 雷达、毫米波雷达和 RGB 相机的探测值进行比对，分别通过如下公式分别计算后三者传感器在距离、方位、航向和航速维度的标准误差。

$$
\begin{aligned}
\sigma_{\text{Dis}} &= \sqrt{\frac{1}{n-1}\sum_{i=1}^{n}(R_i - R_{ti} - \mathcal{M}_R)^2} \\
\sigma_{\text{Azi}} &= \sqrt{\frac{1}{n-1}\sum_{i=1}^{n}(\alpha_i - \alpha_{ti} - \mathcal{M}_\alpha)^2} \\
\sigma_{\text{Speed}} &= \sqrt{\frac{1}{n-1}\sum_{i=1}^{n}(V_i - V_{ti} - \mathcal{M}_V)^2} \\
\sigma_{\text{Course}} &= \sqrt{\frac{1}{n-1}\sum_{i=1}^{n}(\theta_i - \theta_{ti} - \mathcal{M}_\theta)^2}
\end{aligned} \tag{6-5}
$$

与式（6-4）类似，式（6-5）中的 V_i、θ_i 分别表示目标船舶航速和航向的测量值，单位分别为米每秒和度，R_{ti}、α_{ti}、V_{ti}、θ_{ti} 分别用来表示由 AIS 解算出来的 t 时刻距离、方位、航向和航速的真值，$\mathcal{M}_V$、$\mathcal{M}_\theta$ 则分别表示航速和航向测量误差（系统差）。

3）目标跟踪可靠性

在良好天气和平静水面条件下，分别对以匀加速（Constant acceleration, CA）、匀减速（Constant deceleration, CD）和匀速圆周（Constant turn, CT）方式运动的靶船进行跟踪，分别测量匀变速直线运动、匀速圆周运动跟踪可靠性。跟踪成功率（%）由下式计算：

$$
P_{\text{Tracking}} = \frac{1}{n}\sum_{i=1}^{n}\mathcal{T}_i, \qquad \mathcal{T}_i = \begin{cases} 1\ \text{，跟踪成功} \\ 0\ \text{，跟踪失败} \end{cases} \tag{6-6}
$$

4）目标追越、对遇及交叉会遇跟踪可靠性

在天气良好、平静水面和宽阔水域条件下，对模拟追越、对遇和交叉会遇（安全航速，航向交角 90 度）的两艘测试靶船进行跟踪，上述三种行为均反复进行 20 次。跟踪成功的判决条件定义为跟踪过程中两目标船舶目标无批号（ID）交换、航迹丢失等现象，否则判决为跟踪失败。

（3）实验结果分析

针对上述的评价指标，以下分别在只使用 3G 雷达、“3G+毫米波雷达”和“3G+毫米波+RGB 相机”的三种组合展开实验。

表 6-2 目标定位和跟踪精度测试

传感器及其组合	静态定位精度		动态定位和跟踪精度			
	σ_{Dis} (m)	σ_{Azi} (°)	σ_{Dis} (m)	σ_{Azi} (°)	σ_{Speed} (m/s)	σ_{Course} (°)
3G 雷达	4.2	2.6	4.8	3.5	2.5	2.8
3G+毫米波雷达	2.2	1.2	3.1	1.5	2.0	2.4
3G+毫米波+RGB 相机	1.5	0.9	1.6	1.1	1.9	1.3

通过表 6-2，可以直观看出，由于 RGB 相机模态数据的加入，水面静态目标以及动态目标检测跟踪中的距离、方位和航向的测量精度均有明显改善，特别是航向精度几乎提升了一倍，这主要得益于第四章跟踪方法中所引入的视角估计模块。

表 6-3 机动目标跟踪可靠性测试

传感器及其组合	匀加速机动（CA）	匀减速机动（CD）	转向机动（CT）
3G 雷达	0.92	0.90	0.76
3G+毫米波雷达	0.94	0.96	0.82
3G+毫米波+RGB 相机	0.99	0.98	0.86

对比表 6-2 和表 6-3，当目标船舶做转向机动，即航行时频繁小角度地改变速度或航向，必然会影响雷达和 RGB 视频的跟踪精度，进而对目标跟踪数据的可靠性产生影响。

此外，目标追越、对遇及交叉会遇跟踪中 3G 雷达、3G+毫米波雷达和 3G+毫米波+RGB 相机三种传感器组合下的平均跟踪失败次数分别为 8.3 次、3.6 次和 1.2 次。综上实验结果，在水面环境感知中将视觉模态与其他模态进行融合，能够显著提升航行态势感知的精度，同时增强了系统在不同运动场景下的鲁棒性。

6.4 船舶目标综合识别应用

传统的船舶自动识别系统（AIS）通过 VHF 实现“船－岸”、“船－船”的信息交换，以报文的形式相互传递船舶身份、位置、航行和速度等信息，为本船避碰决策的制定以及理解周围船舶的避碰行为提供了有效的技术支持。但在 AIS 的实际使用中存在着诸如：为逃避处罚，故意关闭 AIS、渔民将 AIS 安装到渔网上，滥用 AIS、内河船入海，伪造 AIS 等违规行为，给水上交通特别是给正常航行的船舶带来极大的碰撞安全隐患。本节在海上交通监管的实施过程中引入基于船舶重识别的“船脸识别”技术，有效解决上述海上非合作船舶的身份识别和取证难题。

6.4.1 跨模态船舶目标综合识别

本小节在 4.3 节提出船舶重识别方法和模型的基础上进行“船脸识别”，并与传统的 AIS 识别技术结合，实现决策级别的船舶综合识别功能。

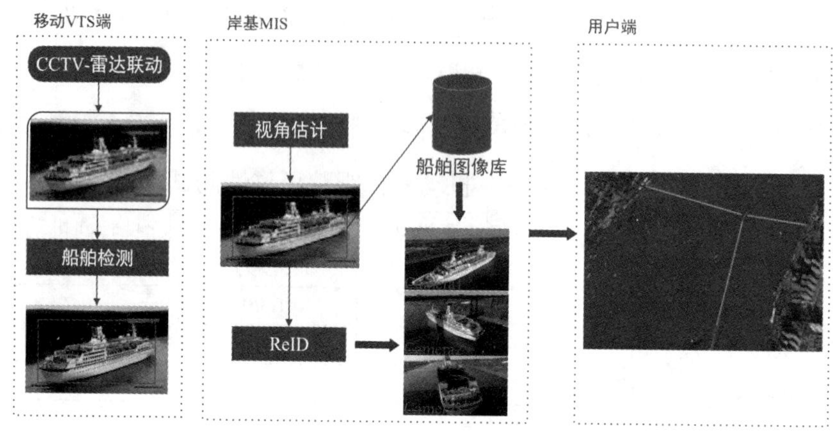

图 6-8 “船脸识别”处理流程

如图 6-8 所示，首先将 AIS 的坐标系与摄像头坐标系进行配准。特征提取直接使用本书第四章训练生成的船舶重识别模型，最后将 V-ReID 结果与 AIS 报文信息进行比对，匹配度若大于阈值则判决为篡改 AIS 的船舶。

6.4.2 实验与结果分析

针对某艘涉嫌伪造 AIS 信息的船舶，本章设计的船舶目标综合识别子系统返回的结果如下：

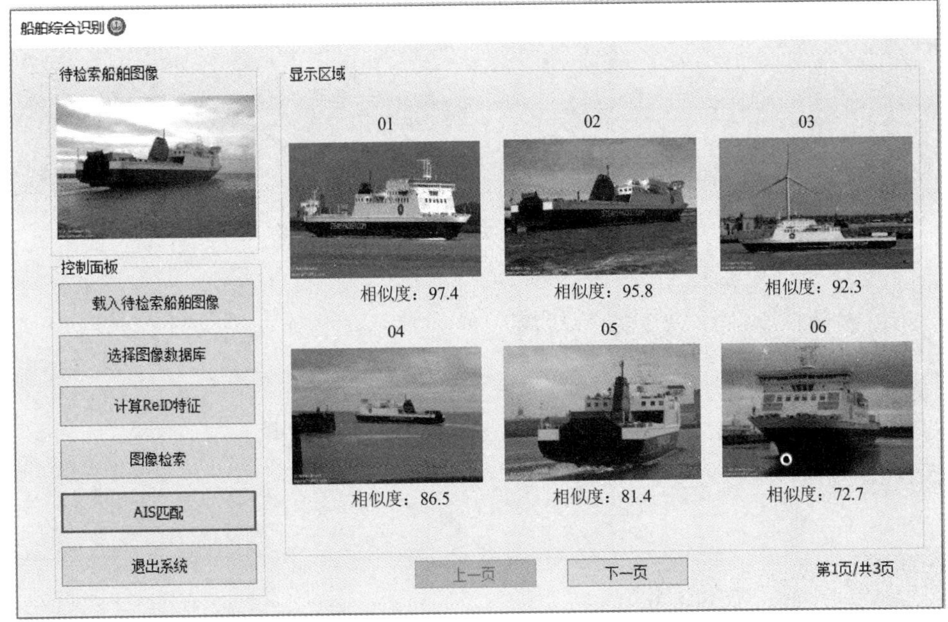

图 6-9 图像搜索引擎返回相似船舶图像结果

如图 6-9 所示，引入 ReID 后的综合船舶识别功能模块，不仅可以轻易鉴别出伪造的 AIS，还可以与部署在岸基 VTS 中心的查询库联合检索违法船舶所属的真实身份。

6.5 本章小结

VTS 为海上交通管制提供服务的同时，还可以为运营船舶的安全航行提供数据支持。特别是近年来 MIS 的加入有效提高了 VTS 值班员的工作效率并提升了用户体验。通过视觉感知的辅助，本章设计的移动 VTMIS 演示验证系统将移动的 VTS 的环境感知和 VTS 中心的 MIS 系统进行统筹设计，强化了监测和管理过程中的信息交互和数据共享；扩大传统 VTS 的服务水域，并为覆盖区域内的船舶提供精细化的服务，实现 VTS 由监管（Monitor）向服务（Service）的转型，为未来的船舶交通管理信息系统（VTMIS）的乃至 E-航海的终极实现奠定良好的技术基础。

第七章 总结与展望

7.1 本书工作总结

作为智能船舶和航运监管两大智能航运要素的首要环节，海上态势视觉感知是上述两者与海上环境进行信息交互的关键，准确地感知并理解无人船周围以及 VTS 服务水域的交通态势，是船舶实现自主航行的关键任务，同时也是维护国家海洋权益、捍卫蓝色国土安全的首要任务。全文首先对海上态势视觉感知的相关文献进行综述和分析；然后对当前主流的深度学习技术进行深入研究；在以上基础上重点研究了视觉环境感知中的全场景分割、船舶重识别和检测后跟踪关键技术，分别以数据准备、网络模型设计和优化目标改进等维度展开；最后探索了视觉感知关键技术在海上智能交通管理中的应用。将具体的研究工作总结如下：

（1）全面综述了海面场景下的基于深度学习的船舶目标检测、图像分割、船舶重识别和目标跟踪方法。在第一章，详细描述了本书研究领域的挑战和潜在的应用场景。此外，还归纳总结了当前主流的海上视觉环境感知相关的视频/图片数据集。

（2）当前深度学习在视觉环境感知系统中的优势已被充分体现。在第二章，详细介绍了和视觉环境感知相关的深度学习基础知识以及主流的骨干网络结构。此外，还深入研究和分析了能显著提升视觉感知精度的特征融合和注意力机制，他们在本书的第三、第四和第五章中均有涉及。

（3）提出一种基于全景分割的海上场景解析方法。全景分割涵盖语义分割、目标检测和实例分割三大任务，其实现了精确逐像素类别分类，是后续重识别和跟踪实现的关键。在第三章，提出了一个可以端到端训练并且级联语义分割、目标检测和实例分割等多分支任务的全景分割框架，其特征在于，首先基于 Res2Net 和改进的 FPN 设计了一个各分支共享的网络结构；其次在语义分割分支引入 Focal 损失函数解决海上场景的类别不均衡问题；然后针对语义分割和实例分割的冲突，提出基于 DSmT 进行高冲突证据的融合决策方法。值得一提的是，第三章构建的 MarPS-1395 数据集是迄今为止公开报告的第一个海上全场景标注数据集。

（4）提出一种基于全局-局部判别特征融合的海上船舶目标重识别方法。为应对复杂的海面场景以及船舶在不同视角下的较大外观差异等给海面的船舶重识别带来的巨大挑战，第四章提出了一个全局、局部判别特征融合的船舶重识别框架。特征在于：首先根据不同视角建立基于船体部件的外观模型，提升模型对存在遮挡、视角改变等复杂目标外观变化的适应能力；其次对提取的全局特征和细粒度的局部特征在特征层面加权融合；然后提出一个方向引导的五元组损失，利用船舶的外观特征来优化重识别框架中的跨视角学习方法。此外，第四章构建的VesselID-539数据集是迄今为止公开报告的规模最大和标注最为完善的海面船舶重识别数据集。

（5）提出一种基于多模型滤波和多线索点迹–航迹关联（M^3C）的海上船舶目标检测后跟踪方法。检测后跟踪是当前主流的视觉跟踪范式，其结合先前帧的检测结果来估计当前帧的目标运动状况。第五章，提出一种结合运动学滤波（多模型）和USV本体姿态、船舶外观多线索匹配的检测后跟踪框架。特征在于，首先提出一种基于GRU和注意力机制的船舶机动预测方法；其次提出一个多模型策略进行运动学滤波；然后在跟踪阶段提出多线索策略，即综合考虑船舶本体姿态、目标船舶的外观和运动学模型进行数据关联；最后在公开的SMD和PETS 2016数据集上进行对比和消融实验，验证了本章方法的可行性和先进性。

（6）探讨海上视觉感知关键技术的应用。无论是无人船的自主导航，还是海上集成监视系统，本书研究的视觉感知技术均处于核心地位。限于专著篇幅，第六章仅探索和尝试了本书主要工作在海上智能交通管理系统构建中的应用，分别评估了视觉感知技术在移动VTS的多模态融合感知、“船脸识别”中的应用。在构建的VTS原型系统上，实船验证本书方法具有一定的先进性和实用性。

7.2 未来研究展望

上述总结了本书在基于深度学习的海上态势视觉感知研究中的一些基础研究和创新性工作。由于海面环境的视觉感知是一个全新的交叉研究领域，其研究还很不成熟，本书相关工作的研究尚有待进一步分解和细化。展望未来，本书作者将在以下几个方面进一步深入研究：

（1）细粒度视频目标分割与跟踪融合，即在跟踪过程中引入语义Mask信息，并在现有检测后跟踪、检测联合跟踪范式的基础上探索场景分割联合目标检测和跟踪技术，进一步提升海面场景下运动目标感知的精细化水平；

（2）将本书的单目视觉环境感知技术与更多的模态数据进行融合，如与双目相机或者多线束激光雷达（LiDAR）等传感器的点云信息进行融合，在三维空间协同检测和跟踪海面船舶和障碍物目标，提升海面场景下对航行态势的立体感知能力；

（3）探索海面全场景解析、船舶重识别和跟踪任务中的多模态数据“前融合”技术。即通过将融合点前置，充分利用更加丰富的各传感器原始信息，如单目视觉的边缘、纹理特征，X 波段导航雷达的回波幅值、角方向、目标尺寸及形状等，并将雷达类传感器的整体信息进行图像特征转化，在最底层与视觉模态执行数据级的融合操作，进一步提升海上环境感知的精准度。

（4）在视觉感知优化方面，本书将重点放在网络结构以及具体感知任务目标函数的讨论和设计上，而对于决定如何基于目标函数进行网络参数更新的优化器本身较少涉及，后续将重点关注海面视觉感知背景下优化器自身的改进，并尝试通过改变网络结构进行优化训练的方法。

参考文献

[1] Fields C. Safety and Shipping 1912–2012: from Titanic to Costa Concordia[J]. Allianz Global Corporate and Speciality AG, Munich, 2012.

[2] Prasad D K, Prasath C K, Rajan D, et al. Challenges in video based object detection in maritime scenario using computer vision[J]. arXiv preprint arXiv:1608.01079, 2016.

[3] Kisantal M, Wojna Z, Murawski J, et al. Augmentation for small object detection[J]. arXiv preprint arXiv:1902.07296, 2019.

[4] Treichler D G. Are you missing the boat in training aids[J]. Film and AV Communication, 1967, 1: 14-16.

[5] Kim K, Hong S, Choi B, et al. Probabilistic Ship Detection and Classification Using Deep Learning[J]. Applied Sciences, 2018, 8(6): 936.

[6] Marié V, Béchar I, Bouchara F. Real-time maritime situation awareness based on deep learning with dynamic anchors[C]//2018 15th IEEE International Conference on Advanced Video and Signal Based Surveillance (AVSS). IEEE, 2018: 1-6.

[7] Cao X, Gao S, Chen L, et al. Ship recognition method combined with image segmentation and deep learning feature extraction in video surveillance[J]. Multimedia Tools and Applications, 2019: 1-16.

[8] Bovcon B, Perš J, Kristan M. Stereo obstacle detection for unmanned surface vehicles by IMU-assisted semantic segmentation [J]. Robotics and Autonomous Systems, 2018, 104: 1-13.

[9] Bovcon B, Muhovič J, Perš J, et al. The MaSTr1325 dataset for training deep USV obstacle detection models[C]//2019 IEEE/RSJ International Conference on Intelligent Robots and Systems (IROS). IEEE, 2019: 3431-3438.

[10] Ronneberger O, Fischer P, Brox T. U-net: Convolutional networks for biomedical image segmentation[C]//International Conference on Medical image computing and computer-assisted intervention. Springer, Cham, 2015: 234-241.

[11] Zhao H, Shi J, Qi X, et al. Pyramid scene parsing network[C]//Proceedings of the IEEE conference on computer vision and pattern recognition. 2017: 2881-2890.

[12] Chen L C, Papandreou G, Kokkinos I, et al. Deeplab: Semantic image segmentation with deep convolutional nets, atrous convolution, and fully connected crfs[J]. IEEE transactions on pattern analysis and machine intelligence, 2017, 40(4): 834-848.

[13] Bovcon B, Kristan M. A water-obstacle separation and refinement network for unmanned surface vehicles[J]. arXiv preprint arXiv:2001.01921, 2020.

[14] Prasad D K, Rajan D, Rachmawati L, et al. Video processing from electro-optical sensors for object detection and tracking in a maritime environment: a survey[J]. IEEE Transactions on Intelligent Transportation Systems, 2017, 18(8): 1993-2016.

[15] Patino L, Cane T, Vallee A, et al. Pets 2016: Dataset and challenge[C]//Proceedings of the IEEE Conference on Computer Vision and Pattern Recognition Workshops. 2016: 1-8.

[16] Ribeiro R, Cruz G, Matos J, et al. A dataset for airborne maritime surveillance environments[J]. IEEE Transactions on Circuits and Systems for Video Technology, 2017.
[17] Cane T, Ferryman J. Evaluating deep semantic segmentation networks for object detection in maritime surveillance[C]//2018 15th IEEE International Conference on Advanced Video and Signal Based Surveillance (AVSS). IEEE, 2018: 1-6.
[18] Zhang W, He X, Li W, et al. An integrated ship segmentation method based on discriminator and extractor[J]. Image and Vision Computing, 2020, 93: 103824.
[19] Fefilatyev S, Goldgof D, Shreve M, et al. Detection and tracking of ships in open sea with rapidly moving buoy-mounted camera system [J]. Ocean Engineering, 2012, 54: 1-12.
[20] Jeong C Y, Yang H S, Moon K D. Fast horizon detection in maritime images using region-of-interest[J]. International Journal of Distributed Sensor Networks, 2018, 14(7): 1550147718790753.
[21] Zhang Y, Li Q Z, Zang F N. Ship detection for visual maritime surveillance from non-stationary platforms [J]. Ocean Engineering, 2017, 141: 53-63.
[22] Sun Y, Fu L. Coarse-Fine-Stitched: A Robust Maritime Horizon Line Detection Method for Unmanned Surface Vehicle Applications [J]. Sensors, 2018, 18(9): 2825.
[23] Steccanella L, Bloisi D D, Castellini A, et al. Waterline and obstacle detection in images from low-cost autonomous boats for environmental monitoring[J]. Robotics and Autonomous Systems, 2020, 124: 103346.
[24] Shan Y, Zhou X, Liu S, et al. SiamFPN: A Deep Learning Method for Accurate and Real-time Maritime Ship Tracking[J]. IEEE Transactions on Circuits and Systems for Video Technology, 2020.
[25] Su L, Sun Y, Liu Zh, et al. Research on Panoramic Sea-sky line Extraction Algorithm[J]. DEStech Transactions on Engineering and Technology Research, 2019 (amee).
[26] Gladstone R, Moshe Y, Barel A, et al. Distance estimation for marine vehicles using a monocular video camera[C]//2016 24th European Signal Processing Conference (EUSIPCO). IEEE, 2016: 2405-2409.
[27] Jeong C Y, Yang H S, Moon K D. Horizon detection in maritime images using scene parsing network[J]. Electronics Letters, 2018, 54(12): 760-762.
[28] Qiu Y, Yang Y, Lin Z, et al. Improved denoising autoencoder for maritime image denoising and semantic segmentation of USV[J]. China Communications, 2020, 17(3): 46-57.
[29] Kim H, Koo J, Kim D, et al. Vision-Based Real-Time Obstacle Segmentation Algorithm for Autonomous Surface Vehicle[J]. IEEE Access, 2019, 7: 179420-179428.
[30] Huang Z, Sun S, Li R. Fast Single-shot Ship Instance Segmentation Based on Polar Template Mask in Remote Sensing Images[J]. arXiv preprint arXiv:2008.12447, 2020.
[31] Nie X, Duan M, Ding H, et al. Attention Mask R-CNN for ship detection and segmentation from remote sensing images[J]. IEEE Access, 2020, 8: 9325-9334.
[32] van Ramshorst A. Automatic Segmentation of Ships in Digital Images: A Deep Learning Approach[J]. 2018.
[33] Nita C, Vandewal M. CNN-based object detection and segmentation for maritime domain awareness[C]//Artificial Intelligence and Machine Learning in Defense

Applications II. International Society for Optics and Photonics, 2020, 11543: 1154306.

[34] Ghahremani A, Kong Y, Bondarev E. Towards Parameter-Optimized Vessel Re-identification Based on IORnet[C]//International Conference on Computational Science. Springer, Cham, 2019: 125-136.

[35] Ghahremani A, Kong Y, Bondarev E, et al. Re-identification of vessels with convolutional neural networks[C]//Proceedings of the 2019 5th International Conference on Computer and Technology Applications. 2019: 93-97.

[36] Tian C, Xia J, Tang J, et al. Deep image retrieval of large-scale vessels images based on BoW model [J]. Multimedia Tools and Applications, 2019: 1-15.

[37] Hilton C, Parameswaran S, Dotter M, et al. Classification of maritime vessels using capsule networks[C]//Geospatial Informatics IX. International Society for Optics and Photonics, 2019, 10992: 109920E.

[38] Jinwen L V, Chen X, Salah M. Intelligent re-recognition algorithm for specific ship target in busy waters under the actual scene[J]. Journal of Intelligent & Fuzzy Systems, 2018 (Preprint): 1-11.

[39] Groot H G J, Zwemer M H, Wijnhoven R G J, et al. Vessel-speed enforcement system by multi-camera detection and re-identification[C]//15th International Conference on Computer Vision Theory and Applications 2020. 2020.

[40] Kaido N, Yamamoto S, Hashimoto T. Examination of automatic detection and tracking of ships on camera image in marine environment[C]//2016 Techno-Ocean (Techno-Ocean). IEEE, 2016: 58-63.

[41] Zhang Z, Wong K H. A computer vision based sea search method using Kalman filter and CAMSHIFT[C]//2013 The International Conference on Technological Advances in Electrical, Electronics and Computer Engineering (TAEECE). IEEE, 2013: 188-193.

[42] Chen Z, Li B, Tian L F, et al. Automatic detection and tracking of ship based on mean shift in corrected video sequences[C]//2017 2nd International Conference on Image, Vision and Computing (ICIVC). IEEE, 2017: 449-453.

[43] Zhang Y, Li S, Li D, et al. Parallel Three-Branch Correlation Filters for Complex Marine Environmental Object Tracking Based on a Confidence Mechanism[J]. Sensors, 2020, 20(18): 5210.

[44] Zhang Sr Y, Shu Sr J, Hu Sr L, et al. A ship target tracking algorithm based on deep learning and multiple features[C]//Twelfth International Conference on Machine Vision (ICMV 2019). International Society for Optics and Photonics, 2020, 11433: 1143304.

[45] Yang J, Li Y, Zhang Q, et al. Surface vehicle detection and tracking with deep learning and appearance feature[C]//2019 5th International Conference on Control, Automation and Robotics (ICCAR). IEEE, 2019: 276-280.

[46] Leclerc M, Tharmarasa R, Florea M C, et al. Ship Classification Using Deep Learning Techniques for Maritime Target Tracking[C]//2018 21st International Conference on Information Fusion (FUSION). IEEE, 2018: 737-744.

[47] Gundogdu E, Solmaz B, Yücesoy V, et al. Marvel: A large-scale image dataset for maritime vessels[C]//Asian Conference on Computer Vision. Springer, Cham, 2016: 165-180.

[48] Bloisi D D, Iocchi L, Pennisi A, et al. ARGOS-Venice boat classification[C]//2015 12th

IEEE International Conference on Advanced Video and Signal Based Surveillance (AVSS). IEEE, 2015: 1-6.
[49] Shao Z, Wu W, Wang Z, et al. SeaShips: A large-scale precisely annotated dataset for ship detection[J]. IEEE Transactions on Multimedia, 2018, 20(10): 2593-2604.
[50] 腾飞，刘清. 内河航运船舶视觉跟踪算法[M].武汉：武汉理工大学出版社，2017.
[51] 刘清，梅浪奇，路萍萍等.内河航运运动船舶视觉检测算法[M].武汉：武汉理工大学出版社，2019.
[52] Shin H C, Lee K I, Lee C E. Data Augmentation Method of Object Detection for Deep Learning in Maritime Image[C]//2020 IEEE International Conference on Big Data and Smart Computing (BigComp). IEEE, 2020: 463-466.
[53] Chen Z, Chen D, Zhang Y, et al. Deep learning for autonomous ship-oriented small ship detection[J]. Safety Science, 2020, 130: 104812.
[54] Milicevic M, Obradovic I, Zubrinic K, et al. Data augmentation and transfer learning for limited dataset ship classification[J]. Wseas Trans. Syst. Control, 2018, 13: 460-465.
[55] Chen J, Hu Q, Zhao R, et al. Tracking a vessel by combining video and AIS reports[C]//2008 Second International Conference on Future Generation Communication and Networking. IEEE, 2008, 2: 374-378.
[56] Thompson, David John, "Maritime Object Detection, Tracking, and Classification Using Lidar and Vision-Based Sensor Fusion" (2017). Dissertations and Theses. 377. https://commons.erau.edu/ edt/377.
[57] Helgesen Ø K, Brekke E F, Helgesen H H, et al. Sensor Combinations in Heterogeneous Multi-sensor Fusion for Maritime Target Tracking[C]//2019 22th International Conference on Information Fusion (FUSION). IEEE, 2019: 1-9.
[58] Haghbayan M H, Farahnakian F, Poikonen J, et al. An efficient multi-sensor fusion approach for object detection in maritime environments[C]//2018 21st International Conference on Intelligent Transportation Systems (ITSC). IEEE, 2018: 2163-2170.
[59] Farahnakian F, Movahedi P, Poikonen J, et al. Comparative analysis of image fusion methods in marine environment[C]//2019 IEEE International Symposium on Robotic and Sensors Environments (ROSE). IEEE, 2019: 1-8.
[60] Stanislas L, Dunbabin M. Multimodal sensor fusion for robust obstacle detection and classification in the Maritime RobotX challenge[J]. IEEE Journal of Oceanic Engineering, 2018, 44(2): 343-351.
[61] Farahnakian F, Heikkonen J. Deep Learning Based Multi-Modal Fusion Architectures for Maritime Vessel Detection[J]. Remote Sensing, 2020, 12(16): 2509.
[62] Hinton G E, Salakhutdinov R R. Reducing the dimensionality of data with neural networks[J]. science, 2006, 313(5786): 504-507.
[63] 张宪超.深度学习（上册）[M].北京：科学出版社，2019.
[64] Fukushima K, Miyake S. Neocognitron: A self-organizing neural network model for a mechanism of visual pattern recognition[M]//Competition and cooperation in neural nets. Springer, Berlin, Heidelberg, 1982: 267-285.
[65] LeCun Y, Bottou L, Bengio Y, et al. Gradient-based learning applied to document recognition[J]. Proceedings of the IEEE, 1998, 86(11): 2278-2324.
[66] Rawat W, Wang Z. Deep convolutional neural networks for image classification: A

comprehensive review[J]. Neural computation, 2017, 29(9): 2352-2449.
[67] Glorot X, Bordes A, Bengio Y. Deep sparse rectifier neural networks[C]//Proceedings of the fourteenth international conference on artificial intelligence and statistics. 2011: 315-323.
[68] He K, Zhang X, Ren S, et al. Delving deep into rectifiers: Surpassing human-level performance on imagenet classification[C]//Proceedings of the IEEE international conference on computer vision. 2015: 1026-1034.
[69] Clevert D A, Unterthiner T, Hochreiter S. Fast and accurate deep network learning by exponential linear units (elus)[J]. arXiv preprint arXiv:1511.07289, 2015.
[70] Ma N, Zhang X, Sun J. Funnel Activation for Visual Recognition[J]. arXiv preprint arXiv:2007.11824, 2020.
[71] He K, Zhang X, Ren S, et al. Spatial pyramid pooling in deep convolutional networks for visual recognition[J]. IEEE transactions on pattern analysis and machine intelligence, 2015, 37(9): 1904-1916.
[72] Ramachandran P, Zoph B, Le Q V. Searching for activation functions[J]. arXiv preprint arXiv:1710.05941, 2017.
[73] Misra D. Mish: A self regularized non-monotonic neural activation function[J]. arXiv preprint arXiv:1908.08681, 2019.
[74] Bochkovskiy A, Wang C Y, Liao H Y M. YOLOv4: Optimal Speed and Accuracy of Object Detection[J]. arXiv preprint arXiv:2004.10934, 2020.
[75] Rasamoelina A D, Adjailia F, Sinčák P. A Review of Activation Function for Artificial Neural Network[C]//2020 IEEE 18th World Symposium on Applied Machine Intelligence and Informatics (SAMI). IEEE, 2020: 281-286.
[76] Hinton G E, Srivastava N, Krizhevsky A, et al. Improving neural networks by preventing co-adaptation of feature detectors[J]. arXiv preprint arXiv:1207.0580, 2012.
[77] Lin M, Chen Q, Yan S. Network in network[J]. arXiv preprint arXiv:1312.4400, 2013.
[78] Zou Z, Shi Z, Guo Y, et al. Object detection in 20 years: A survey[J]. arXiv preprint arXiv:1905.05055, 2019.
[79] Jadon S. A survey of loss functions for semantic segmentation[C]//2020 IEEE Conference on Computational Intelligence in Bioinformatics and Computational Biology (CIBCB). IEEE, 2020: 1-7.
[80] Sun Y, Chen Y, Wang X, et al. Deep learning face representation by joint identification-verification[C]//Advances in neural information processing systems. 2014: 1988-1996.
[81] Schroff F, Kalenichenko D, Philbin J. Facenet: A unified embedding for face recognition and clustering[C]//Proceedings of the IEEE conference on computer vision and pattern recognition. 2015: 815-823.
[82] Hermans A, Beyer L, Leibe B. In defense of the triplet loss for person re-identification[J]. arXiv preprint arXiv:1703.07737, 2017
[83] Chen W, Chen X, Zhang J, et al. Beyond triplet loss: a deep quadruplet network for person re-identification[C]//Proceedings of the IEEE Conference on Computer Vision and Pattern Recognition. 2017: 403-412.
[84] Raiko T, Valpola H, LeCun Y. Deep learning made easier by linear transformations in perceptrons[C]// Artificial intelligence and statistics. 2012: 924-932.

[85] Srivastava R K, Greff K, Schmidhuber J. Training very deep networks[C]//Advances in neural information processing systems. 2015: 2377-2385.

[86] He K, Zhang X, Ren S, et al. Deep residual learning for image recognition[C]//Proceedings of the IEEE conference on computer vision and pattern recognition. 2016: 770-778.

[87] He K, Zhang X, Ren S, et al. Identity mappings in deep residual networks[C]//European conference on computer vision. Springer, Cham, 2016: 630-645.

[88] Duta I C, Liu L, Zhu F, et al. Improved Residual Networks for Image and Video Recognition[J]. arXiv preprint arXiv:2004.04989, 2020.

[89] Xie S, Girshick R, Dollár P, et al. Aggregated residual transformations for deep neural networks[C]//Proceedings of the IEEE conference on computer vision and pattern recognition. 2017: 1492-1500.

[90] Zhang H, Wu C, Zhang Z, et al. Resnest: Split-attention networks[J]. arXiv preprint arXiv:2004.08955, 2020.

[91 Szegedy C, Liu W, Jia Y, et al. Going deeper with convolutions[C]//Proceedings of the IEEE conference on computer vision and pattern recognition. 2015: 1-9.

[92] Ioffe S, Szegedy C. Batch normalization: Accelerating deep network training by reducing internal covariate shift[J]. arXiv preprint arXiv:1502.03167, 2015.

[93] Szegedy C, Vanhoucke V, Ioffe S, et al. Rethinking the inception architecture for computer vision[C]//Proceedings of the IEEE conference on computer vision and pattern recognition. 2016: 2818-2826.

[94] Szegedy C, Ioffe S, Vanhoucke V, et al. Inception-v4, inception-resnet and the impact of residual connections on learning[J]. arXiv preprint arXiv:1602.07261, 2016.

[95]Chollet F. Xception: Deep learning with depthwise separable convolutions[C]//Proceedings of the IEEE conference on computer vision and pattern recognition. 2017: 1251-1258.

[96] Tan M, Le Q V. Efficientnet: Rethinking model scaling for convolutional neural networks[J]. arXiv preprint arXiv:1905.11946, 2019.

[97] Long J, Shelhamer E, Darrell T. Fully convolutional networks for semantic segmentation[C]//Proceedings of the IEEE conference on computer vision and pattern recognition. 2015: 3431-3440.

[98] Dai J, Li Y, He K, et al. R-fcn: Object detection via region-based fully convolutional networks[C]//Advances in neural information processing systems. 2016: 379-387.

[99] Lin T Y, Dollár P, Girshick R, et al. Feature pyramid networks for object detection[C]//Proceedings of the IEEE conference on computer vision and pattern recognition. 2017: 2117-2125.

[100] Liu S, Qi L, Qin H, et al. Path aggregation network for instance segmentation[C]//Proceedings of the IEEE conference on computer vision and pattern recognition. 2018: 8759-8768.

[101] Escalante H J. Automated Machine Learning—a brief review at the end of the early years[J]. arXiv preprint arXiv:2008.08516, 2020.

[102] Zoph B, Le Q V. Neural architecture search with reinforcement learning[J]. arXiv preprint arXiv:1611.01578, 2016.

[103] Ghiasi G, Lin T Y, Le Q V. Nas-fpn: Learning scalable feature pyramid architecture for object detection[C]//Proceedings of the IEEE conference on computer vision and pattern recognition. 2019: 7036-7045.

[104] Real E, Aggarwal A, Huang Y, et al. Regularized evolution for image classifier architecture search[C]//Proceedings of the aaai conference on artificial intelligence. 2019, 33: 4780-4789.

[105] Dai J, Qi H, Xiong Y, et al. Deformable convolutional networks[C]//Proceedings of the IEEE international conference on computer vision. 2017: 764-773.

[106] Zhu X, Hu H, Lin S, et al. Deformable convnets v2: More deformable, better results[C]//Proceedings of the IEEE Conference on Computer Vision and Pattern Recognition. 2019: 9308-9316.

[107] Wang X, Girshick R, Gupta A, et al. Non-local neural networks[C]//Proceedings of the IEEE conference on computer vision and pattern recognition. 2018: 7794-7803.

[108] Hochreiter S, Schmidhuber J. Long short-term memory[J]. Neural computation, 1997, 9(8): 1735-1780.

[109] Cho K, Van Merriënboer B, Gulcehre C, et al. Learning phrase representations using RNN encoder-decoder for statistical machine translation[J]. arXiv preprint arXiv:1406.1078, 2014.

[110] Shen Z, Irwan B, Raviteja V, et al. GLOBAL SELF-ATTENTION NETWORKS FOR IMAGE RECOGNITION. arXiv preprint arXiv: 2010.03019, 2020.

[111] Jaderberg M, Simonyan K, Zisserman A. Spatial transformer networks[C]//Advances in neural information processing systems. 2015: 2017-2025.

[112] Hu J, Shen L, Sun G. Squeeze-and-excitation networks[C]//Proceedings of the IEEE conference on computer vision and pattern recognition. 2018: 7132-7141.

[113] Li X, Wang W, Hu X, et al. Selective kernel networks[C]//Proceedings of the IEEE conference on computer vision and pattern recognition. 2019: 510-519.

[114] Li W. Weight Excitation: Built-in Attention Mechanisms in Convolutional Neural Networks[C]. //Proceedings of the European conference on computer vision (ECCV).2020: 87-103.

[115] Woo S, Park J, Lee J Y, et al. Cbam: Convolutional block attention module[C]//Proceedings of the European conference on computer vision (ECCV). 2018: 3-19.

[116] Park J, Woo S, Lee J Y, et al. A Simple and Light-Weight Attention Module for Convolutional Neural Networks[J]. International Journal of Computer Vision, 2020: 1-16.

[117] Wang F, Jiang M, Qian C, et al. Residual attention network for image classification[C]//Proceedings of the IEEE conference on computer vision and pattern recognition. 2017: 3156-3164.

[118] Kirillov A, He K, Girshick R, et al. Panoptic segmentation[C]//Proceedings of the IEEE conference on computer vision and pattern recognition. 2019: 9404-9413.

[119] Badrinarayanan V, Kendall A, Cipolla R. Segnet: A deep convolutional encoder-decoder architecture for image segmentation[J]. IEEE transactions on pattern analysis and machine intelligence, 2017, 39(12): 2481-2495.

[120] He K, Gkioxari G, Dollár P, et al. Mask r-cnn[C]//Proceedings of the IEEE

international conference on computer vision. 2017: 2961-2969.

[121] Bolya D, Zhou C, Xiao F, et al. Yolact++: Better real-time instance segmentation[J]. arXiv preprint arXiv:1912.06218, 2019.

[122] Lee Y, Park J. CenterMask: Real-time anchor-free instance segmentation[C]//Proceedings of the IEEE/CVF Conference on Computer Vision and Pattern Recognition. 2020: 13906-13915.

[123] Wang X, Zhang R, Kong T, et al. SOLOv2: Dynamic, Faster and Stronger[J]. arXiv preprint arXiv:2003.10152, 2020.

[124] Chen H, Sun K, Tian Z, et al. BlendMask: Top-down meets bottom-up for instance segmentation[C]//Proceedings of the IEEE/CVF Conference on Computer Vision and Pattern Recognition. 2020: 8573-8581.

[125] Cheng B, Collins M D, Zhu Y, et al. Panoptic-deeplab: A simple, strong, and fast baseline for bottom-up panoptic segmentation[C]//Proceedings of the IEEE/CVF Conference on Computer Vision and Pattern Recognition. 2020: 12475-12485.

[126] Xiong Y, Liao R, Zhao H, et al. Upsnet: A unified panoptic segmentation network[C]//Proceedings of the IEEE Conference on Computer Vision and Pattern Recognition. 2019: 8818-8826.

[127] Kirillov A, Girshick R, He K, et al. Panoptic feature pyramid networks[C]//Proceedings of the IEEE Conference on Computer Vision and Pattern Recognition. 2019: 6399-6408.

[128] Gao S, Cheng M M, Zhao K, et al. Res2net: A new multi-scale backbone architecture[J]. IEEE transactions on pattern analysis and machine intelligence, 2019.

[129] Zhu X, Hu H, Lin S, et al. Deformable convnets v2: More deformable, better results[C]//Proceedings of the IEEE Conference on Computer Vision and Pattern Recognition. 2019: 9308-9316.

[130] Lin T Y, Goyal P, Girshick R, et al. Focal loss for dense object detection[C]//Proceedings of the IEEE international conference on computer vision. 2017: 2980-2988.

[131] Huang Z, Huang L, Gong Y, et al. Mask scoring r-cnn[C]//Proceedings of the IEEE conference on computer vision and pattern recognition. 2019: 6409-6418.

[132] Redmon J, Farhadi A. Yolov3: An incremental improvement[J]. arXiv preprint arXiv:1804.02767, 2018.

[133] Zheng Z, Wang P, Liu W, et al. Distance-IoU Loss: Faster and Better Learning for Bounding Box Regression[C]//AAAI. 2020: 12993-13000.

[134] de Geus D, Meletis P, Dubbelman G. Panoptic segmentation with a joint semantic and instance segmentation network[J]. arXiv preprint arXiv:1809.02110, 2018.

[135] Dezert J. Foundations for a new theory of plausible and paradoxical reasoning[J]. Information and Security, 2002, 9: 13-57.

[136] Shafer G. A mathematical theory of evidence[M]. Princeton university press, 1976.

[137] Dezert J, Tchamova A, Smarandache F, et al. Target type tracking with PCR5 and Dempster's rules: a comparative analysis[C]//2006 9th International Conference on Information Fusion. IEEE, 2006: 1-8.

[138] Dezert J, Liu Z, Mercier G. Edge detection in color images based on DSmT[C]//14th

International Conference on Information Fusion. IEEE, 2011: 1-8.
[139] Guo Y, Sengur A. NECM: Neutrosophic evidential c-means clustering algorithm[J]. Neural Computing and Applications, 2015, 26(3): 561-571.
[140] Martin A, Osswald C. A new generalization of the proportional conflict redistribution rule stable in terms of decision[J]. Advances and Applications of DSmT for Information Fusion: Collected Works Volume 2, 2006, 2: 69-88.
[141] Daniel M. Classical combination rules generalized to DSm hyper-power sets and their comparison with the hybrid DSm rule[J]. Advances and Applications of DSmT for Information Fusion: Collected Works Volume 2, 2006, 2: 89-112.
[142] Howish.https://github.com/howish/PyDSmT,2019.(Accessed on 4 September 2020)
[143]Zhao H, Zhang Y, Liu S, et al. Psanet: Point-wise spatial attention network for scene parsing[C]//Proceedings of the European Conference on Computer Vision (ECCV). 2018: 267-283.
[144] Wang J, Sun K, Cheng T, et al. Deep high-resolution representation learning for visual recognition[J]. IEEE transactions on pattern analysis and machine intelligence, 2020.
[145] Caesar H, Uijlings J, Ferrari V. Coco-stuff: Thing and stuff classes in context[C]//Proceedings of the IEEE Conference on Computer Vision and Pattern Recognition. 2018: 1209-1218.
[146] Zajdel W, Zivkovic Z, Krose B J A. Keeping track of humans: Have I seen this person before?[C]//Proceedings of the 2005 IEEE International Conference on Robotics and Automation. IEEE, 2005: 2081-2086.
[147] Cai H, Wang Z, Cheng J. Multi-scale body-part mask guided attention for person re-identification[C]//Proceedings of the IEEE Conference on Computer Vision and Pattern Recognition Workshops. 2019: 0-0.
[148] Heo D Y, Nam J Y, Ko B C. Estimation of pedestrian pose orientation using soft target training based on teacher–student framework[J]. Sensors, 2019, 19(5): 1147.
[149] Zheng L, Shen L, Tian L, et al. Scalable person re-identification: A benchmark[C]//Proceedings of the IEEE international conference on computer vision. 2015: 1116-1124.
[150] Zheng L, Bie Z, Sun Y, et al. Mars: A video benchmark for large-scale person re-identification[C]//European Conference on Computer Vision. Springer, Cham, 2016: 868-884.
[151] Ristani E, Solera F, Zou R, et al. Performance measures and a data set for multi-target, multi-camera tracking[C]//European Conference on Computer Vision. Springer, Cham, 2016: 17-35.
[152] Xiao T, Li S, Wang B, et al. End-to-end deep learning for person search[J]. arXiv preprint arXiv:1604.01850, 2016, 2(2).
[153] Liu H, Tian Y, Yang Y, et al. Deep relative distance learning: Tell the difference between similar vehicles[C]//Proceedings of the IEEE Conference on Computer Vision and Pattern Recognition. 2016: 2167-2175.
[154] Xiang Y, Fu Y, Huang H. Global topology constraint network for fine-grained vehicle recognition[J]. IEEE Transactions on Intelligent Transportation Systems, 2019.
[155] Bai Y, Lou Y, Gao F, et al. Group-sensitive triplet embedding for vehicle

reidentification[J]. IEEE Transactions on Multimedia, 2018, 20(9): 2385-2399.

[156] Guindel C, Martin D, Armingol J M. Fast joint object detection and viewpoint estimation for traffic scene understanding[J]. IEEE Intelligent Transportation Systems Magazine, 2018, 10(4): 74-86.

[157] Zhang X, Zhang R, Cao J, et al. Part-guided attention learning for vehicle re-identification[J]. arXiv preprint arXiv:1909.06023, 2019.

[158] Liu X, Liu W, Ma H, et al. Large-scale vehicle re-identification in urban surveillance videos[C]//2016 IEEE International Conference on Multimedia and Expo (ICME). IEEE, 2016: 1-6.

[159] Lou Y, Bai Y, Liu J, et al. Veri-wild: A large dataset and a new method for vehicle re-identification in the wild[C]//Proceedings of the IEEE Conference on Computer Vision and Pattern Recognition. 2019: 3235-3243.

[160] Tang Z, Naphade M, Liu M Y, et al. Cityflow: A city-scale benchmark for multi-target multi-camera vehicle tracking and re-identification[C]//Proceedings of the IEEE Conference on Computer Vision and Pattern Recognition. 2019: 8797-8806.

[161] Kanjir U, Greidanus H, Oštir K. Vessel detection and classification from spaceborne optical images: A literature survey[J]. Remote sensing of environment, 2018, 207: 1-26.

[162] Ward C M, Harguess J, Corelli A G. Leveraging synthetic imagery for collision-at-sea avoidance[C]//Geospatial Informatics, Motion Imagery, and Network Analytics VIII. International Society for Optics and Photonics, 2018, 10645: 1064507.

[163] Heyse D B, Warren N, Tešić J. Identifying maritime vessels at multiple levels of descriptions using deep features[C]//Artificial Intelligence and Machine Learning for Multi-Domain Operations Applications. International Society for Optics and Photonics, 2019, 11006: 1100616.

[164] Saquib Sarfraz M, Schumann A, Eberle A, et al. A pose-sensitive embedding for person re-identification with expanded cross neighborhood re-ranking[C]//Proceedings of the IEEE Conference on Computer Vision and Pattern Recognition. 2018: 420-429.

[165] Ghahremani A, Kong Y, Bondarev E. Multi-class detection and orientation recognition of vessels in maritime surveillance[J]. Electronic Imaging, 2019, 2019(11): 266-1-266-5.

[166] Li Z, Wang Y, Ji X. Monocular viewpoints estimation for generic objects in the wild[J]. IEEE Access, 2019, 7: 94321-94331.

[167] Wang Z, Tang L, Liu X, et al. Orientation invariant feature embedding and spatial temporal regularization for vehicle re-identification[C]//Proceedings of the IEEE International Conference on Computer Vision. 2017: 379-387.

[168] He B, Li J, Zhao Y, et al. Part-regularized near-duplicate vehicle re-identification[C]//Proceedings of the IEEE Conference on Computer Vision and Pattern Recognition. 2019: 3997-4005.

[169] Sun Y, Zheng L, Yang Y, et al. Beyond part models: Person retrieval with refined part pooling (and a strong convolutional baseline)[C]//Proceedings of the European Conference on Computer Vision (ECCV). 2018: 480-496.

[171] Tan X, Wang Z, Jiang M, et al. Multi-camera vehicle tracking and re-identification based on visual and spatial-temporal features[C]//CVPR Workshops. 2019: 275-284.

[172] Xiao Q, Luo H, Zhang C. Margin sample mining loss: A deep learning based method

for person re-identification[J]. arXiv preprint arXiv:1710.00478, 2017.

[173] Hasnat A, Bohné J, Milgram J, et al. Deepvisage: Making face recognition simple yet with powerful generalization skills[C]//Proceedings of the IEEE International Conference on Computer Vision Workshops. 2017: 1682-1691.

[174] Zhang Z, Huang M. Person re-identification based on heterogeneous part-based deep network in camera networks[J]. IEEE Transactions on Emerging Topics in Computational Intelligence, 2018.

[175] Tulsiani S, Malik J. Viewpoints and keypoints[C]//Proceedings of the IEEE Conference on Computer Vision and Pattern Recognition. 2015: 1510-1519.

[176] Li S, Li J, Lin W, et al. Amur tiger re-identification in the wild[J]. arXiv preprint arXiv:1906.05586, 2019.

[177] Huang G, Liu Z, Van Der Maaten L, et al. Densely connected convolutional networks[C]// Proceedings of the IEEE conference on computer vision and pattern recognition. 2017: 4700-4708.

[178] Zhou K, Yang Y, Cavallaro A, et al. Omni-scale feature learning for person re-identification[C]//Proceedings of the IEEE International Conference on Computer Vision. 2019: 3702-3712.

[179] Ren S, He K, Girshick R, et al. Faster r-cnn: Towards real-time object detection with region proposal networks[C]//Advances in neural information processing systems. 2015: 91-99.

[180] Kang Y T, Chen W J, Zhu D Q, et al. Collision avoidance path planning for ships by particle swarm optimization[J]. Journal of Marine Science and Technology, 2018, 26(6): 777-786.

[181] Qin Z, Li Z, Zhang Z, et al. ThunderNet: Towards real-time generic object detection on mobile devices[C]//Proceedings of the IEEE International Conference on Computer Vision. 2019: 6718-6727.

[182] Liu W, Anguelov D, Erhan D, et al. Ssd: Single shot multibox detector[C]//European conference on computer vision. Springer, Cham, 2016: 21-37.

[183] Kong T, Sun F, Liu H, et al. FoveaBox: Beyound Anchor-Based Object Detection[J]. IEEE Transactions on Image Processing, 2020, 29: 7389-7398.

[184] Zhu C, He Y, Savvides M. Feature selective anchor-free module for single-shot object detection[C]//Proceedings of the IEEE Conference on Computer Vision and Pattern Recognition. 2019: 840-849.

[185] Duan K, Xie L, Qi H, et al. Corner Proposal Network for Anchor-free, Two-stage Object Detection[J]. arXiv preprint arXiv:2007.13816, 2020.

[186] Zhou X, Wang D, Krähenbühl P. Objects as points[J]. arXiv preprint arXiv:1904.07850, 2019.

[187] Tian Z, Shen C, Chen H, et al. Fcos: Fully convolutional one-stage object detection[C]//Proceedings of the IEEE international conference on computer vision. 2019: 9627-9636.

[189] Qiao S, Chen L C, Yuille A. DetectoRS: Detecting Objects with Recursive Feature Pyramid and Switchable Atrous Convolution[J]. arXiv preprint arXiv:2006.02334, 2020.

[190] Samet N, Hicsonmez S, Akbas E. HoughNet: Integrating near and long-range evidence for bottom-up object detection[J]. arXiv preprint arXiv:2007.02355, 2020.

[191] Tonissen S M, Evans R J. Peformance of dynamic programming techniques for track-before-detect[J]. IEEE transactions on aerospace and electronic systems, 1996, 32(4): 1440-1451.

[192] McDonald M, Balaji B. Track-before-detect using swerling 0, 1, and 3 target models for small manoeuvring maritime targets[J]. EURASIP Journal on Advances in Signal Processing, 2008, 2008(1): 326259.

[193] Gordon D, Farhadi A, Fox D. Re^3: Real-Time Recurrent Regression Networks for Visual Tracking of Generic Objects[J]. IEEE Robotics and Automation Letters, 2018, 3(2): 788-795.

[194] Bae S H, Yoon K J. Confidence-based data association and discriminative deep appearance learning for robust online multi-object tracking[J]. IEEE transactions on pattern analysis and machine intelligence, 2017, 40(3): 595-610.

[195] Arandjelović O. Automatic vehicle tracking and recognition from aerial image sequences[C]//2015 12th IEEE International Conference on Advanced Video and Signal Based Surveillance (AVSS). IEEE, 2015: 1-6.

[196] Zhou X, Koltun V, Krähenbühl P. Tracking Objects as Points[J]. arXiv preprint arXiv:2004.01177, 2020.

[197] Zhan Y, Wang C, Wang X, et al. A Simple Baseline for Multi-Object Tracking[J]. arXiv preprint arXiv:2004.01888, 2020.

[198] Wojke N, Bewley A. Deep cosine metric learning for person re-identification[C]//2018 IEEE winter conference on applications of computer vision (WACV). IEEE, 2018: 748-756.

[199] Yang X, Tang Y, Wang N, et al. An End-to-End Noise-Weakened Person Re-Identification and Tracking With Adaptive Partial Information[J]. IEEE Access, 2019, 7: 20984-20995.

[200] Zhao D, Fu H, Xiao L, et al. Multi-object tracking with correlation filter for autonomous vehicle[J]. Sensors, 2018, 18(7): 2004.

[201] Kejriwal L, Singh I. A Hybrid filtering approach of Digital Video Stabilization for UAV using Kalman and Low Pass filter[C]//International Conference on Advances in Computing & Communications. 2016, 93: 359-366.

[202] Perera L P, Oliveira P, Soares C G. Maritime traffic monitoring based on vessel detection, tracking, state estimation, and trajectory prediction[J]. IEEE Transactions on Intelligent Transportation Systems, 2012, 13(3): 1188-1200.

[203] Hoiem D, Efros A A, Hebert M. Putting objects in perspective[J]. International Journal of Computer Vision, 2008, 80(1): 3-15.

[204] Richardson E, Peleg S, Werman M. Scene geometry from moving objects[C]//2014 11th IEEE International Conference on Advanced Video and Signal Based Surveillance (AVSS). IEEE, 2014: 13-18.

[205] Racine V, Hertzog A, Jouanneau J, et al. Multiple-target tracking of 3D fluorescent objects based on simulated annealing[C]//3rd IEEE International Symposium on Biomedical Imaging: Nano to Macro, 2006. IEEE, 2006: 1020-1023.

[206] Osman I H. Heuristics for the generalised assignment problem: simulated annealing and tabu search approaches[J]. Operations-Research-Spektrum, 1995, 17(4): 211-225.

[207] Nguyen D, Vadaine R, Hajduch G, et al. A multi-task deep learning architecture for maritime surveillance using AIS data streams[C]//2018 IEEE 5th International Conference on Data Science and Advanced Analytics (DSAA). IEEE, 2018: 331-340.

[208] Bernardin K, Stiefelhagen R. Evaluating multiple object tracking performance: the CLEAR MOT metrics[J]. EURASIP Journal on Image and Video Processing, 2008, 2008: 1-10.

[209 Xiang Y, Alahi A, Savarese S. Learning to track: Online multi-object tracking by decision making[C]//Proceedings of the IEEE international conference on computer vision. 2015: 4705-4713.

[210] Bewley A, Ge Z, Ott L, et al. Simple online and realtime tracking[C]//2016 IEEE International Conference on Image Processing (ICIP). IEEE, 2016: 3464-3468.

[211] Henriques J F, Caseiro R, Martins P, et al. High-speed tracking with kernelized correlation filters[J]. IEEE transactions on pattern analysis and machine intelligence, 2014, 37(3): 583-596.

[212] Yu F, Li W, Li Q, et al. Poi: Multiple object tracking with high performance detection and appearance feature[C]//European Conference on Computer Vision. Springer, Cham, 2016: 36-42.

[213] Chen L, Ai, H, Zhuang, Z, et al.Real-Time Multiple People Tracking with Deeply Learned Candidate Selection and Person Re-Identification. In Proceedings of the Proceedings -2018 IEEE International Conference on Multimedia and Expo (ICME), San Diego, 2018: 1-6.

[214] Labbe R. Kalman and Bayesian filters in Python, 2014[J]. URL https://github. com/rlabbe/Kalman-and-Bayesian-Filters-in-Python, 2019.

[215] Wan Z, Chen J, El Makhloufi A, et al. Four routes to better maritime governance[J]. Nature, 2016, 540(7631): 27-29.

[216] 藤井弥平,卷岛勉,原洁.海上交通工学[M].东京:海文堂出版株式会社,1981.

[217] Wepster A. Developments in Marine Traffic Operations and Research[J]. The Journal of Navigation, 1978, 31(3): 348-356.

[218] 吴建华,牟学东.移动 VTS 的原理及实现方法[J].航海技术, 2008(03):37-39.
[219] Bloisi D D, Previtali F, Pennisi A, et al. Enhancing automatic maritime surveillance systems with visual information[J]. IEEE Transactions on Intelligent Transportation Systems, 2016, 18(4): 824-833.
[220] Lee D J. Automatic identification of ARPA radar tracking vessels by CCTV camera system[J]. Journal of the Korean Society of Fisheries and Ocean Technology, 2009, 45(3): 177-187.
[221] Xiao L, Xu M, Hu Z. Real-time inland CCTV ship tracking[J]. Mathematical Problems in Engineering, 2018, 2018.
[222] 中华人民共和国交通运输部.2019 中国航运发展报告[M].北京：人民交通出版社, 2020.7.
[223] 朱军，陈伯雄，王晓伟.水上交通工程[M].大连：大连海事大学出版社，2019.8.
[224] 曹德胜.船舶交通管理系统绩效评估概论[M].北京：人民交通出版社, 2018.7.
[225] 乔大雷,童卫勇,蔡文彬.一种基于 PAM 聚类分析的雷达点迹凝聚方法[P].中国发明专利.201510360108.6, 2017-07-14.
[226] 国家标准化管理委员会.GB/T 39277-2020, 船舶交通管理系统[S].北京：中国标准出版社, 2020.

附录 作者近来年发表的论文及其他科研成果

1. 论文

[1] Qiao D, Liu G, Lv T, et al. Marine Vision-Based Situational Awareness Using Discriminative Deep Learning: A Survey. Journal of Marine Science and Engineering. 2021; 9(4): 397.（SCI, 中科院三区, WOS:000643109800001）

[2] Qiao D, Liu G, Dong F, et al. Marine Vessel Re-Identification: A Large-Scale Dataset and Global-and-Local Fusion-Based Discriminative Feature Learning[J]. IEEE Access, 2020, 8: 27744-27756.（SCI, 中科院二区，WOS: 000525470400006）

[3] Qiao D, Liu G, Zhang J, et al. M^3C: Multimodel-and-Multicue-Based Tracking by Detection of Surrounding Vessels in Maritime Environment for USV[J]. Electronics, 2019, 8(7): 723.（SCI, 中科院三区，WOS: 000482063200077）

[4] Qiao D, Liu G, Li W, et al. Automatic Full Scene Parsing for Maritime USV using Monocular Vision[J]（SCI, 中科院三区，Journal of Intelligent and Robotic Systems，Under review）

[5] 乔大雷,戴立坤,邹玉娟.水面机器人机舱设备预测维护系统研究与设计[J].机械设计与制造, 2018(06): 270-272.

[6] 乔大雷,侯娇,薛锋.基于物联网技术的无人船智能航行控制系统设计与实现[J].舰船科学技术, 2017, 39(23): 149-152.

2. 参与的科研项目

[1] 江苏省高等学校自然科学研究重大项目，项目号 20KJA520009，多源异构数据融合的船舶智能航行关键技术研究，2020-2023，在研，主持；

[2] 江苏省高校“青蓝工程”优秀青年骨干教师培养对象资助，无人船视觉 SLAM 自动驾驶关键技术研究，2019-2022，在研，主持；

[3] 江苏海事局科学研究计划项目，感知识别在海事监管中的应用研究，2019-2020，已结题，参与；

[4] 江苏海事学院科学创新基金项目（重点），基于深度学习和多模态信息融合的船舶智能航行关键技术研究，2019-2021，在研，主持；

[5] 企业委托课题，无人船智能控制系统设计开发，2019-2020，已结题，主持。

3. **专利与知识产权**

[1] 发明专利，一种便携式车载智能驾驶系统，授权号 ZL 2020 1 0053700.2；

[2] 发明专利，一种智能船舶航行辅助系统，受理号 201911109762.4；

[3] 发明专利，一种基于传感网络的智能船舶机舱监测系统，受理号 201910645344.0；

[4] 软件著作权，无人船视觉感知与控制系统 V1.0，授权号 2020SR127157。